Prozeßsimulation in der Umformtechnik

Herausgegeben im Auftrag der Projektgruppe Prozeßsimulation in der Umformtechnik von Univ.-Prof. em. Dr.-Ing. Dr. h.c. K. Lange, Stuttgart

Band 6

Bericht aus dem Lehrstuhl für Fertigungstechnologie, Institut für Fertigungstechnik, Friedrich-Alexander-Universität Erlangen-Nürnberg, Univ.-Prof. Dr.-Ing. Dr. h.c. Manfred Geiger LFT

Projektgruppe Prozeßsimulaton in der Umformtechnik

Univ.-Prof. Dr.-Ing. D. Besdo
Institut für Mechanik
Universität Hannover

Univ.-Prof. Dr.-Ing. E. Doege
Institut für Umformtechnik und Umformmaschinen
Universität Hannover

Univ.-Prof. Dr.-Ing. E. v. Finckenstein
Lehrstuhl für Umformende Fertigungsverfahren
Universität Dortmund

Univ.-Prof. Dr.-Ing. Dr.h.c. M. Geiger
Lehrstuhl für Fertigungstechnologie
Friedrich-Alexander-Universität Erlangen-Nürnberg

Univ.-Prof. Dr.-Ing. B. Kröplin
Institut für Statik und Dynamik der Luft- und
Raumfahrtkonstruktionen, Universität Stuttgart

Univ.-Prof. Dr.-Ing. Dr.-Ing. E. h. O. Mahrenholtz
Arbeitsbereich Meerestechnik II - Strukturmechanik
Technische Universität Hamburg-Harburg

Univ.-Prof. Dr.-Ing. J. Reissner
Institut für Umformtechnik
Eidgen. Technische Hochschule Zürich

Univ.-Prof. Dr.-Ing. A. Reuter
Institut für Parallele und Verteilte Höchstleistungsrechner
Universität Stuttgart

Univ.-Prof. Dr.-Ing. K. Siegert
Institut für Umformtechnik
Universität Stuttgart

Sprecher: Univ.-Prof. em. Dr.-Ing. Dr. h.c. K. Lange
Universität Stuttgart

Koordinator: Dr.-Ing. M. Herrmann
Universität Stuttgart

Matthias Hänsel

Beitrag zur Simulation der Oberflächenermüdung von Umformwerkzeugen

Mit 63 Abbildungen und 2 Tabellen

Springer-Verlag Berlin Heidelberg GmbH

Dipl.-Ing. M. Hänsel

Lehrstuhl für Fertigungstechnologie
Institut für Fertigungstechnik
Friedrich-Alexander-Universität Erlangen-Nürnberg

Univ.-Prof. Dr.-Ing. Dr. h. c. M. Geiger

Lehrstuhl für Fertigungstechnologie
Institut für Fertigungstechnik
Friedrich-Alexander-Universität Erlangen-Nürnberg

ISBN 978-3-540-57251-0   ISBN 978-3-662-06022-3 (eBook)
DOI 10.1007/978-3-662-06022-3

Gesamtherstellung: Copydruck GmbH, Heimsheim
62/3020-543210

Geleitwort des Herausgebers

Die Verfahrensentwicklung ist in der Umformtechnik unmittelbar verknüpft mit der Frage nach der Durchführbarkeit eines Umformvorganges und nach einer optimalen Prozeßführung. Beide Problemstellungen erfordern ein tiefes Verständnis des Einflusses verschiedenartigster Prozeßparameter, wie Eigenschaften des umzuformenden Werkstoffes (mechanische und metallkundliche), Reibungsbedingungen in der Wirkfuge, Werkzeuge (Geometrie, Werkstoff), Umformtemperatur, Umformgeschwindigkeit, Umformmaschine und deren gegenseitige Beeinflussung.

Die seit den siebziger Jahren eingeführten und zunehmend leistungsfähigeren Methoden der numerischen Simulation von Umformvorgängen leisten schon jetzt wertvolle Beiträge bei der Bewältigung der genannten Aufgaben. Die in der Simulationsphase gewonnenen Werkstückgeometriedaten werden mit Hilfe von CAD/CAM-Systemen direkt für die Erstellung von Arbeitsplanungs- und Fertigungsunterlagen benutzt. Damit kann mit einem durchgehenden Informationsfluß von der Werkstückentwicklung über die Konstruktion der benötigten Werkzeuge bis zur Weitergabe der Geometriedaten für die NC-Fertigung der Werkzeuge gearbeitet werden. Voraussetzung hierfür sind allerdings genaue numerische Verfahren, gesicherte Stoff- und Maschinendaten sowie Versagenskriterien und Prozeßrandbedingungen.

In Erkenntnis dieser anspruchsvollen wissenschaftlichen Aufgabenstellung haben sich die eingangs aufgeführten acht Institute universitäts- und fachübergreifend zur Bearbeitung des Gemeinschaftsprojektes

Prozeßsimulation in der Umformtechnik

im Jahre 1988 zusammengeschlossen. Das Projekt wird von der Volkswagen-Stiftung gefördert. Erarbeitet werden soll ein nach modernen Gesichtspunkten strukturiertes universelles, leistungsfähiges Programmsystem für die Simulation von Umformprozessen als eine wesentliche und notwendige Grundlage für die Verbesserung der ingenieurwissenschaftlichen Forschung und Entwicklung zur Errichtung rechnerintegrierter Produktionssysteme in der Umformtechnik (CIM). Die Vielfältigkeit der industriellen Umformverfahren bringt es notwendigerweise mit sich, daß im Gemeinschaftsprojekt wegen der zeitlichen und personellen Begrenzung nicht die ganze Breite der Umformprozesse berücksichtigt werden kann. Es werden damit im Hinblick auf die Anwendungsorientierung Lücken offen bleiben, die jedoch wegen der modularen Programmstruktur später jederzeit über vorgegebene Schnittstellen geschlossen werden können.

Ferner ist mit Sicherheit zu erwarten, daß während der Bearbeitung Defizite an erforderlichen Daten, Randbedingungen etc. sichtbar werden, aus denen sich Anforderungskataloge für zusätzliche experimentelle und theoretische Untersuchungen ergeben werden. Insofern wird das Gemeinschaftsprojekt über die Erstellung des Programmsystems zur „Prozeßsimulation in der Umformtechnik" hinaus weitere wichtige Impulse für Forschungen zu den ingenieurwissenschaftlichen Grundlagen der Umformtechnik geben.

Mit etwa 35 Teilprojektleitern, Mitarbeiterinnen und Mitarbeitern verfügt die Projektgemeinschaft über ein bedeutendes Potential an Fachkräften und Wissen. Das zu erstellende Programmsystem soll nach Projektabschluß zunächst allen öffentlichen und gemeinnützigen Forschungsinstitutionen in Deutschland, in der Schweiz etc. als Forschungsversion zur Verfügung stehen.

Im Rahmen dieser Berichtsreihe werden die wissenschaftlichen Ergebnisse der Arbeiten in den Teilprojekten in bewährter Zusammenarbeit mit dem Springer-Verlag der Fachöffentlichkeit vorgestellt.

Stuttgart, im Januar 1991   Kurt Lange

Vorwort

Die vorliegende Dissertation entstand während meiner Tätigkeit als wissenschaftlicher Mitarbeiter am Lehrstuhl für Fertigungstechnologie der Friedrich-Alexander-Universität Erlangen-Nürnberg.

Die im vorliegenden Bericht behandelte Thematik erwuchs aus den Problemstellungen während der Entwicklung eines Programmalgorithmus zur Simulation des Ermüdungsbruchverhaltens von Umformwerkzeugen als einem der Grundbausteine des am Lehrstuhl erstellten PSU-Programmoduls WERKZEUGVERSAGEN. Der Bericht beschränkt sich dabei nur auf den Teilaspekt der numerischen Simulation von Rißinitiierung und Oberflächenermüdung und enthält die Darstellung und Überprüfung der dafür entwickelten theoretischen Grundlagen; die erarbeiteten bruchmechanischen Grundlagen der Versagenssimulation hingegen wurden in einem weiteren Forschungsbericht zusammengefaßt, der in der gleichen Berichtsreihe erscheint.

Für die Möglichkeit der Bearbeitung dieses Forschungsprojektes und das mir während dieser Zeit entgegengebrachte Vertrauen, die Arbeit mit einem hohen Maß von Eigenverantwortlichkeit durchführen zu können, sowie die wissenschaftliche Diskussion möchte ich an dieser Stelle Herrn Univ. Prof. Dr.-Ing. Dr.h.c. M.Geiger meinen besonderen Dank aussprechen. Seine fachlichen Anregungen und seine wohlwollende Unterstützung, die es mir erlaubte, aktuelle Arbeitsergebnisse mehrfach auf Vortragsveranstaltungen öffentlich zur Diskussion stellen zu können, haben wesentlich zum Gelingen der Gesamtarbeit beigetragen. Hierfür, wie auch für die mir zugekommene persönliche Förderung, mein herzlicher Dank.

Für die Übernahme der Koreferate möchte ich Herrn Univ. Prof. em. Dr.-Ing. Dr.h.c. K.Lange und Herrn Univ. Prof. Dr.-Ing. habil. G.Kuhn herzlich danken.

Bedanken möchte ich mich auch bei Herrn Dr. U.Engel für seine ständige Bereitschaft zur wissenschaftlichen Diskussion und seine kritische Durchsicht des Manuskripts.

Mein Dank gilt ferner meinem Kollegen, Herrn Dr. T.Sobis, als meinem 'Mitstreiter' im Rahmen des PSU-Teilprojektes, für die sehr enge fachliche Zusammenarbeit und den daraus erwachsenen, guten persönlichen Kontakt. Gleiches gilt für die übrigen Kollegen der Umformtechnikgruppe, wie auch für alle anderen Mitarbeiter des Lehrstuhls, die zum Gelingen dieser Arbeit beigetragen haben.

Die Mittel zur Durchführung der Untersuchungen wurden von der Stiftung Volkswagenwerk, Hannover, im Rahmen des Verbundprojektes "Prozeßsimulation in der Umformtechnik - PSU" bereitgestellt, wofür an dieser Stelle ebenfalls gedankt sei.

Erlangen im Juni 1993   Matthias Hänsel

Inhaltsverzeichnis

Abkürzungen und Formelzeichen

Formelzeichen

a	mm	Rißtiefe
a_i	mm	Initiierungsrißtiefe
a_{kr}	mm	kritische Rißtiefe
$\delta a, \delta a_i$	μm	Anrißzone
σ_{ij}	N/mm^2	Spannungstensor
τ_{xy}	N/mm^2	Schubspannungskomponente (x-y Ebene)
ϵ_{ij}	%	Dehnungstensor
$\Delta\sigma_{ij}$	N/mm^2	zyklischer Spannungstensor (Schwingbreite)
$\Delta\epsilon_{ij}$	%	zyklischer Dehnungstensor (Schwingbreite)
ΔW_{ij}	N/mm^2	zyklischer Verzerrungsenergiedichtetensor
σ_f', ϵ_f'	N/mm^2, %	zykl. Bruchspannungs- bzw.Bruchdehnungskoeffizient
σ_m, ϵ_m	N/mm^2, %	statische Mittelspannung bzw. -dehnung
ϵ_{oct}	%	Oktaederschubdehnung
b, c	----	Bruchspannungs- bzw. Bruchdehnungsexponent
σ_0, τ_0	N/mm^2	äußere Spannungs- bzw. Schubbelastung
σ_v	N/mm^2	Vergleichsspannung nach v.Mises
E	N/mm^2	E-Modul
G	N/mm^2	Schubmodul
η	----	Querkontraktionszahl (Poisson)
$R_{P0,2}$	N/mm^2	Fließgrenze
R_m	N/mm^2	Zugfestigkeit
n	----	Verfestigungsexponent
$R_{P0,2}'$	N/mm^2	zykl. Fließgrenze
n'	----	zykl. Verfestigungsexponent
K	N/mm$^{3/2}$	Spannungsintensitätsfaktor
J	N/mm	J-Integral
K_{Ic}	N/mm$^{3/2}$	krit. Spannungsintensitätsfaktor Zug (Bruchzähigkeit)
K_v	N/mm$^{3/2}$	Vergleichsspannungsintensitätsfaktor (n.Richard)
Y	----	Korrekturterm für Bauteil- und Rißgeometrie
da	mm	Rißfortschritt
da/dN	----	Rißausbreitungsrate, Wachstumsgeschwindigkeit
C	----	Rißwachstumskoeffizient, Mittelspannungsfaktor
m	----	Rißwachstumsexponent
ΔK	N/mm$^{3/2}$	zyklische Komponente des Spannungsintensitätsfaktors
ΔK_{th}	N/mm$^{3/2}$	Rißwachstumsschwellwert
N_{ink}	----	inkrementelle Lastzyklenzahl
N_f	----	Grenzlastspielzahl bis zur Ermüdung
N_i	----	Anrißlastspielzahl
N_{br}	----	Rißausbreitungslastspielzahl
r, φ, z	----	globale Zylinderkoordinaten
A_{Kg}	----	Einflußfläche am Kerbgrund
R_z	μm	Rauhtiefe

Indizes

min	minimal
max	maximal
eff	effektiv
ges	gesamt
e	elastische Komponente
e+	zug-elastische Komponente (ohne Druckanteil)
e++	zug-elastische Komponente ohne stat. Mittellastanteil
p	plastische Komponente
t	totale Komponente
h	hydrostatische Komponente
,	deviatorische Komponente

Abkürzungen

FE	Finite Elemente
FEM	Finite Elemente Methode
CAD	Computer Aided Design
CAO	Computer Aided Optimization
CAM	Computer Aided Machining
PSU	Prozeß-Simulation Umformtechnik
VDI	Verein Deutscher Ingenieure
ICFG	International Cold Forging Group
LEBM	Linear Elastische Bruchmechanik
ESZ	Ebener Spannungs Zustand
EFZ	Ebener Formänderungs Zustand

1. Einleitung

Ein wesentliches Element der Herstellkosten von Massivumformteilen, insbesondere von Kaltfließpreßteilen, sind nach wie vor die Werkzeugkosten. Je nach Schwierigkeit des Formteils werden zwischen 5 und 15 % der Herstellkosten durch Werkzeugkosten verursacht. Die Werkzeugkosten werden dabei im wesentlichen durch zwei Faktoren bestimmt, die Herstellkosten und die Standmenge der Werkzeuge. Den Werkzeugkostenanteil zu senken war und ist Gegenstand zahlreicher Aktivitäten /1-3/.

Eine Richtung, die hier nachdrücklich verfolgt wird, ist der durchgängige Einsatz von CAE-Techniken für Werkzeugkonstruktion und -fertigung. Konsequente Rechnerunterstützung in dieser Phase trägt wesentlich zur Beschleunigung von Entwicklung und Fertigung der Werkzeuge und damit auch zur Kostensenkung bei /3-11/.

Ein weiterer Schwerpunkt der Weiterentwicklung betrifft die Verbesserung der Werkzeugtechnologie durch Maßnahmen zur Reduzierung der Ausfallursachen der Werkzeuge /12,13/. Hier wurden in den letzten Jahren auf folgenden Gebieten wichtige Ergebnisse erzielt:

- Weiterentwicklung bei der Werkzeugbeschichtung /14-17/ und Oberflächenbehandlung /5,18/,
- bruchmechanische Untersuchungen des Werkzeugversagens /4,19-22/,
- Verbesserung der Werkzeugauslegung durch optimierte Werkzeugmaterialien /23,24/ oder neuartige Bandarmierungen /25/,
- on-line Werkzeugüberwachung im Arbeitsprozeß /26-29/.

Diese Bemühungen werden in Zukunft erheblich durch die FE-Simulation des Werkzeugversagens /4/ im Rahmen der Prozeßsimulation /8/ und in Verbindung mit wissensbasierten Expertensystemen /2,30/ unterstützt werden. Hierdurch werden neue Erkenntnisse über die Werkzeugbelastung und die Versagensursachen Bruch und Verschleiß bereitgestellt, die bereits in der Konstruktionsphase eine Schwachstellenerkennung und -optimierung der Werkzeugauslegung anhand des CAD-FEM Modells erlauben /31-34/.

Ein besonderes Augenmerk wird der Konstrukteur hierbei in stärkerem Maße der lokalen Oberflächenermüdung kritischer Werkzeugkonturen als möglicher Ursache des vorzeitigen Werkzeugverschleisses oder als Ausgangspunkt des späteren Rißwachstums widmen müssen. Zur Vermeidung der verantwortlichen Werkzeugüberlastung oder unzureichenden Werkstoffauswahl bietet sich die Versagenssimulation bei der Werkzeugauslegung vorteilhaft an /31/.

Trotz leistungsfähiger numerischer Simulationsverfahren zur Berechnung der lokalen Werkzeugbeanspruchung war es jedoch bisher nicht möglich, den Eintritt des Oberflächenversagens im Rahmen der Werkzeugsimulation hinreichend vorherzusagen. Grund hierfür sind vor allem die unzureichenden theoretischen Beschreibungsmöglichkeiten der Oberflächenermüdung unter den vorgefundenen, mehrachsig zyklischen Beanspruchungsbedingungen der Werkzeugoberfläche /4/. Das Ziel der vorliegenden Arbeit ist es daher, aufbauend auf einem bestehenden Simulationsprogramm WERKZEUGVERSAGEN, ein geeignetes Versagenskonzept zur Simulation der Oberflächenermüdung und Rißinitiierung von Umformwerkzeugen zu entwickeln und programmtechnisch zur Verfügung zu stellen.

2. Stand der Kenntnisse

2.1 Allgemeines

Fließpreßwerkzeuge und Schmiedegesenke gehören zu den höchst beanspruchten Konstruktionsbauteilen der Technik. Metallischer Gleitkontakt sowie Flächenpressungen von über 2500 N/mm² in der Umformzone, Temperaturen von über 600°C und Preßkräfte von mehreren hundert Tonnen sind keine Seltenheit und stellen höchste Anforderungen an die konstruktive Auslegung der Werkzeugelemente, die verwendeten Werkzeugwerkstoffe und die Prozeßführung.

In besonderem Maß davon betroffen ist die Werkzeugoberfläche im Bereich der Wirkfuge zwischen dem Werkstück und dem formgebenden Werkzeugelement. Sie wird während des Arbeitsprozesses mit jedem Preßzyklus einer starken, mechanisch und, vornehmlich im Fall der Warmumformung, auch thermischen Wechselbeanspruchung ausgesetzt /35/. Die betriebliche Praxis zeigt, daß die Werkzeugoberfläche diesen Beanspruchungen nicht unbegrenzt standhalten kann und auf Dauer durch Verschleiß oder lokale Ermüdung versagt.

2.2 Bruchversagen und Oberflächenermüdung von Umformwerkzeugen

Die Standmenge von Umformwerkzeugen wird im wesentlichen durch den Bruch und den Verschleiß der Werkzeugaktivelemente bestimmt. Hierzu zählen in erster Linie Stempel, Dorne, Ziehringe, Preßbuchsen oder Gesenke. Standmengen in der Größenordnung von 10^3-10^5 sind nach *Lange u.a.* /3/ die Regel, wobei Lebensdauerschwankungen in der Größenordnung von 1:10 bis 1:100 keine Seltenheit sind. Die typischen Versagenserscheinungen eines Fließpreßwerkzeugs sind am Beispiel einer Voll-Vorwärts-Fließpreßmatrize aus Hartmetall in **Bild 2.1** abgebildet. Dargestellt ist zum einen das Bruchbild der Matrize nach erfolgtem Ermüdungsbruch (die obere Matrizenhälfte ist zu diesem Zweck entfernt) und das verschlissene Oberflächenrelief der Fließpreßschulter mit weiteren Ermüdungsanrissen.

Der Verschleiß als Versagensursache dominiert bei Anwendungsfällen mit geringen Werkzeugbelastungen oder wenn enge Maßtoleranzen und hohe Oberflächenqualitäten am Werkstück gefordert sind. Hierbei herrschen Abrasion und Adhäsion als Verschleißmechanismen zwischen den beiden Kontaktpartnern in der Umformzone vor /36/. Sie führen durch kontinuierlichen Abrieb der Werkzeugoberfläche zum Verlust der Maßhaltigkeit und der Oberflächenqualität und somit zum Ausfall des Werkzeugs bei Erreichen qualitätsbestimmender Toleranzgrenzen (Verschleißmarken). Als weiterer wichtiger Verschleißmechanismus kommt zusätzlich die Oberflächenermüdung in Betracht, die zu einer Schädigung der Werkzeugoberfläche durch lokale Abplatzungen führen kann.

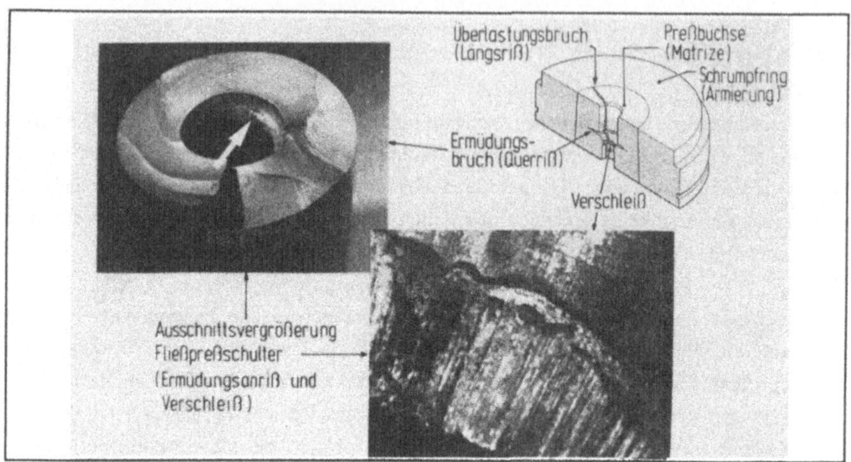

Bild 2.1:   Ermüdungsbruch und Verschleiß als charakteristische Versagensursache von Fließpreßmatrizen

Bei höheren Belastungen und komplexeren Geometrien des Werkzeugs überwiegt der Ermüdungsbruch /2,3/. Der gefürchtete Überlastbruch innerhalb der ersten Preßzyklen bei extremen Belastungen hingegen kann unter Befolgung der vom VDI oder der ICFG erarbeiteten von Konstruktionsrichtlinien in den meisten Fällen vermieden werden /37-41/. Wertvolle Erkenntnisse zum Bruchverhalten von Fließpreßmatrizen konnten in grundlegenden Arbeiten an der Universität Stuttgart von *Reiss* /20/ und *Hettig* /21/ mit Hilfe von Standmengenuntersuchungen gewonnen werden. Werkstoffkundliche Untersuchungen von *Wißmeier* /23/ an der Universität Erlangen/Nürnberg zum Bruchverhalten von Hartmetallfließpreßmatrizen ergänzen diese Ergebnisse.

Bei rotationssymmetrischen Fließpreßmatrizen des gezeigten Typs treten Ermüdungsrisse zumeist als Querrisse auf. Sie breiten sich in horizontaler Richtung, teilweise unter Bildung eines charakteristischen zick-zack-förmigen Rißprofils, konzentrisch über den Werkzeugquerschnitt aus. **Bild 2.2** zeigt in diesem Zusammenhang den Längsschnitt durch eine Preßbüchse mit fortgeschrittenem Ermüdungsriß; der charakteristische Rißverlauf ist deutlich zu erkennen.

Der Prozeß der Werkzeugermüdung ist durch folgende Phasen charakterisierbar: 1) der Phase der Rißinitiierung, 2) der Phase der Ermüdungsrißausbreitung und 3) dem abschließenden, zerstörenden Restgewaltbuch. Die Rißinitiierung als Auslöser des weiteren Ermüdungsrißwachstums beginnt hierbei in der Regel an lokalen Spannungskonzentrationen der höchstbelasteten Werkzeugoberfläche; z.B. im Fall der in **Bild 2.2** gezeigten Fließpreßmatrize am Übergangsradius zur Fließpreßschulter. Ursächlich dafür sind Oberflächenfehler, als Folge der

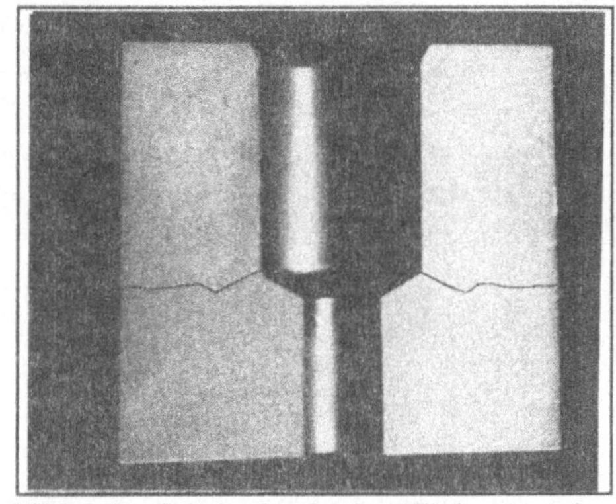

Bild 2.2: Schnitt durch eine Fließpreßmatrize mit fortgeschrittenem Ermüdungsriß

Werkzeugherstellung (Schleifriefen etc.), oder Werkstoffinhomogenitäten (Poren) sowie Mikrorisse, die aus einer lokaler Überanspruchung und Ermüdung des Werkzeugoberflächenmaterials resultieren. Bei gekerbten Proben macht die Phase der Rißinitiierung, d.h. die Bildung eines ausbreitungsfähigen, makroskopischen Anrisses durch Zusammenwachsen mikroskopischer Rißkeime, ca. 30% der Gesamtlebensdauer aus, bei ungekerbten Ermüdungsproben entfallen hierauf im allgemeinen über 90% der Belastungszeit.

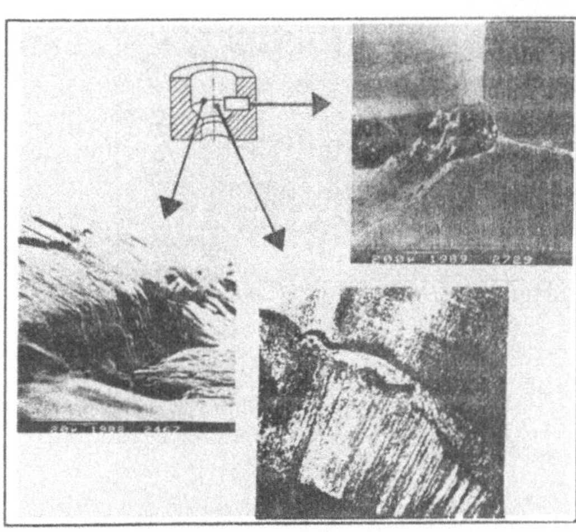

Bild 2.3: Ausbrüche auf der Werkzeugoberfläche einer Fließpreßmatrize infolge lokaler Ermüdung und Mikrorißbildung

Bild 2.3 zeigt in diesem Zusammenhang die Auswirkungen der Oberflächenüberanspruchung bei zyklischer Werkzeugbelastung am Beispiel der Matrizenschulter. Infolge lokaler Ermüdung und nachfolgender Mikrorißbildung kommt es zu Werkstoffausbrüchen der Rißufer auf der Werkzeugoberfläche. In vielen Anwendungsfällen sind derartige Oberflächenfehler bereits die Ursache für den Totalausfall des Werkzeugs aufgrund mangelnder Oberflächenqualität der produzierten Werkstücke. Fälschlicherweise wird hierfür jedoch vielfach der Verschleiß als Versagensursache verantwortlich gemacht; der eigentliche Schädigungsmechanismus, d.h. die Bildung eines Ermüdungsrisses, aber nicht erkannt.

Das weitere Rißwachstum ausgehend von dieser Stelle ist in dem einen Fall deutlich sichtbar. Es erfolgt zunächst relativ rasch bis es nach mehreren Millimetern Rißtiefe zunehmend verzögert fortschreitet. Bei Erreichen einer kritischen Rißtiefe a_{kr} versagt der Restquerschnitt der Matrizenwand durch Restgewaltbruch, was im allgemeinen an der matten, kristallinen Bruchoberfläche des zerstörten Werkzeugs deutlich zu erkennen ist. **Bild 2.4** zeigt hierzu das gemessene Rißwachstumsverhalten mehrerer Versuchswerkzeuge dieses Typs als Ergebnis experimenteller Standmengenuntersuchungen von *Reiss* /20/. Das Anrißverhalten wurde hierbei on-line mittels des Wirbelstrommeßverfahrens überwacht, das weitere Rißausbreitungsverhalten im Matrizenquerschnitt mittels Ultraschallmessung aufgezeichnet. In der Darstellung lassen sich deutlich die Phasen unterschiedlicher Rißausbreitungsgeschwindigkeit sowie die große Streuung erkennen, die das Restversagen bestimmen.

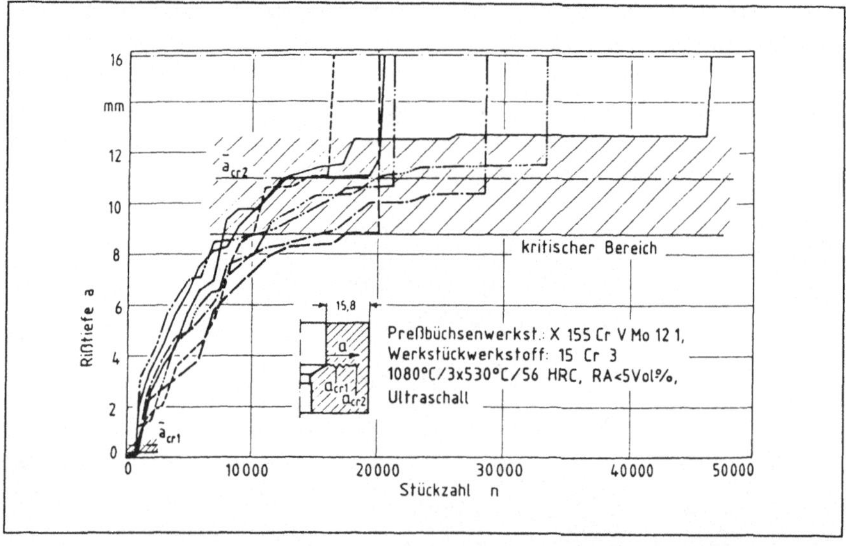

Bild 2.4:   Rißwachstumsverhalten im Querschnitt eines Fließpreßwerkzeugs: Ultraschallmeßergebnisse an 7 Versuchswerkzeugen gleichen Typs nach /20/.

Als entscheidende Aussage für den Praktiker haben die Ultraschalluntersuchungen erbracht, daß die Erscheinung Ermüdungsriß nicht unmittelbar zum Versagen des Werkzeugs führen muß. Unter günstigen Belastungsbedingungen im Werkzeug kann es zum Rißstillstand (Rißarretierung) kommen; das Leben des Werkzeugs mit Riß ist danach durchaus möglich.

Neuere FE-Untersuchungen an Fließpreßmatrizen mit Riß von *Wißmeier* und *Hänsel* bestätigen dies /4,23,42/.

Es hat sich aber auch gezeigt, daß die Geschwindigkeit der Rißinitiierungsphase neben der direkten Schädigung der Werkzeugoberfläche auch den Beginn des nachfolgenden Ermüdungsrißwachstums kontrolliert. Sie bestimmt letztendlich maßgeblich die Lebensdauer des gesamten Werkzeuges. Der Bildung bzw. der Vermeidung eines wachstumsfähigen Ermüdungsrisses in Abhängigkeit von Oberflächenbeschaffenheit und Oberflächenbelastung kommt somit bei der Werkzeugauslegung und -herstellung in bezug auf die erreichbare Lebensdauer eine zentrale Bedeutung zu; die Rißinitiierung verdient vielfach größere Aufmerksamkeit als bisher angenommen.

Im Gegensatz zu der langen Rißinitiierungsphase, die bei Schmiedegesenken beobachtet werden kann, führt die zyklische Wechselbelastung im Fall des spröderen Matrizenwerkstoffs bereits innerhalb weniger Pressenhübe zur Anrißbildung. Die Rißinitiierungsphase in der Größenordnung von 10^1-2×10^2 Lastwechseln hat deshalb keinen wesentlichen Einfluß auf die Gesamtlebensdauer. Sie wird aber indirekt entscheidend durch die Anwesenheit wachstumsfähiger Anrisse bestimmt. Die aus der Praxis bekannten Maßnahmen zur Standmengenerhöhung zielen aus diesem Grund primär darauf ab, die Entstehung und das Wachstum von Mikrorissen an der Werkzeugoberfläche zu verhindern bzw. zu verzögern. Konstruktiv wird dies durch den Abbau von Spannungsspitzen mit Hilfe von Drucküberlagerung durch Werkzeugvorspannung, mit Hilfe geeigneter Werkzeugteilung oder mit Hilfe 'entschärfter' Werkzeugkonturen erreicht.

Auf der anderen Seite stehen fertigungstechnische Maßnahmen zur Vermeidung von Oberflächenfehlern bei der Werkzeugherstellung zur Verfügung. Hierbei ist unbedingt auf eine geeignete Nachbehandlung geschliffener oder senkerodierter Funktionsflächen zur Verbesserung der Oberflächenqualität zu achten /13/. *Reiss* /20/ hat mit seinen systematische Untersuchungen zum Bruchverhalten von Fließpreßmatrizen darüberhinaus den Einfluß der exakten Einhaltung der Wärmebehandlung auf die Rißeinleitung und -ausbreitung unterstrichen. Darauf aufbauende Untersuchungen zur Ermüdungsrißeinleitung von *Hettig* /21/ haben zu zeigen vermocht, daß in die Oberflächenrandschicht eingebrachte Druckeigenspannungen, als Folge einer mechanischen Nachbearbeitung oder einer Beschichtung der Oberfläche, die Werkzeuglebensdauer zu steigern vermögen. Einen ähnlichen Erfolg erhofft man sich auch durch eine partielle Wärmebehandlung der Oberfläche beispielsweise mit dem Laserstrahl /5/.

Bild 2.5 zeigt hierzu den Einfluß unterschiedlicher Behandlungsverfahren auf die Anrißlebensdauer von Fließpreßmatrizen. Der berichtete positive Einfluß von Druckeigenspannungen auf das Ermüdungsverhalten von zyklisch beanspruchten Bauteilen ist aus der Werkstofftechnik bekannt und dort seit Jahren Gegenstand intensiver Untersuchungen /43/.

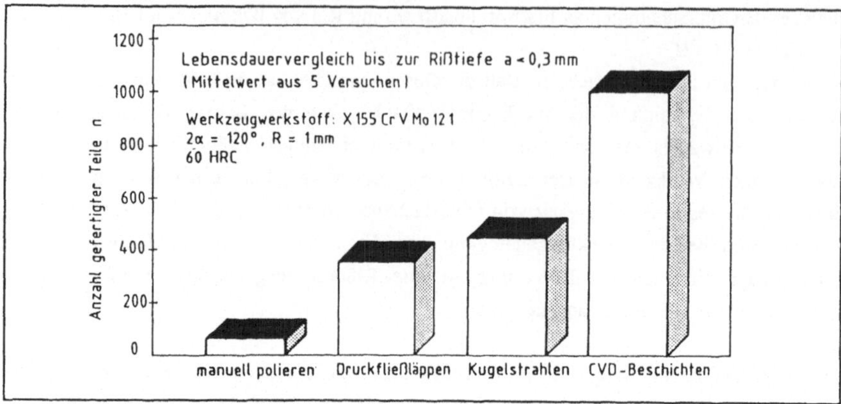

Bild 2.5:   Vergleich unterschiedlicher Oberflächenbehandlungsverfahren hinsichtlich hinsichtlich ihres Einflusses auf das Rißinitiierungsverhalten /20/.

Erste Simulationsergebnisse konnten dies bestätigen und zeigen, daß bereits geringfügige, konstruktive Änderungen der anrißgefährdeten Werkzeugbereiche, durch Senkung der Oberflächenbeanspruchung, zu einer erheblichen Steigerung der Anrißbeständigkeit und damit der Standmenge führen können /31/. Für den Konstrukteur ist aus diesem Grunde hauptsächlich die Schwachstellenanalyse und die Simulation der Ermüdungsrißbildung für eine schnelle Beurteilung der gewählten Werkzeugauslegung und ihre nachfolgende Optimierung vorrangig.

2.3   Simulation des Bruchverhaltens von Umformwerkzeugen

2.3.1 Allgemeines

Moderne numerische Simulationsverfahren haben der Bruchmechanik oder der Schädigungsmechanik in den letzten Jahren durch ihre einfachen Diagnosemöglichkeiten der Beanspruchungsverhältnisse im Bauteilinneren den Zugang zu einer Vielzahl neuer Anwendungsfälle in der ingenieurmäßigen Praxis geöffnet. Das gemeinsame Ziel der unter dem Begriff Versagenssimulation zusammengefaßten intensiven Bemühungen ist die zuverlässige Beurteilung der Betriebssicherheit sicherheitsrelevanter Bauteile bereits im Konstruktionsstadium zur Vermeidung schwerwiegender Schadensfällen während des späteren Betriebs /44/. Zur gezielten Vorhersage der erreichbaren Bauteillebensdauer werden je nach Ausfallkriterium im allgemeinen zwei unterschiedliche Wege eingeschlagen. *Heuler u. Schütz*

Ausfallkriterium im allgemeinen zwei unterschiedliche Wege eingeschlagen. *Heuler u. Schütz* geben hierzu einen umfassenden Überblick /45/. Der erste Fall beschränkt sich auf die Bildung sicherheitskritischer technischer Oberflächenanrisse durch Betrachtung der lokalen Oberflächenermüdung /46/. Zur Betrachtung des Rißwachstums bis zum Bauteilversagen durch Restgewaltbruch finden hingegen bruchmechanische Konzepte ausgehend von vorhandenen Oberflächenfehlern oder tieferen Ermüdungsrissen Anwendung /47/.

Obwohl die numerischen Hilfsmittel für die Simulation des Bruchversagens auch kommerziell bereits seit geraumer Zeit zur Verfügung stehen und auch vielversprechende Erfolge gezeigt haben /48-54/, sind aus dem Bereich der Umformtechnik erst wenige Arbeiten hierzu bekannt. Ein erster grundlegender Ansatz entstand in den letzten Jahren im Rahmen des Teilprojektes *'Simulation des Werkzeugversagens'* des Verbundprojektes *'Prozeßsimulation in der Umformtechnik'* /9/.

2.3.2 Das Programmpaket WERKZEUGVERSAGEN

Zur Versagenssimulation von Umformwerkzeugen wurde in diesem Rahmen ein Software-paket WERKZEUGVERSAGEN entwickelt in dem die beiden Hauptversagensarten Bruch und Verschleiß in zwei getrennten Programm-Moduln bearbeitet werden, **Bild 2.6** /4/.

Der Grundgedanke der Simulation des Werkzeugversagens ist es dabei, den Schädigungs-grad der betrachteten Versagensart für einen einzelnen Prozeßablauf d.h. Umformvorgang zu berechnen und durch Extrapolation des Schädigungsverhaltens auf n-fache Prozeßwieder-holung die Schadensentwicklung für die Gesamtlebensdauer des Werkzeuges zu beurteilen. Die entsprechenden Versagensparameter werden hierzu entweder aus integralen Größen oder aber aus Maximalwerten der Werkzeugbelastung des betrachteten Einzelvorgangs berechnet.

Durch Anwendung geeigneter Versagensgesetze und der Definition von Versagensgrenzen lassen sich auf diese Weise aus der Simulation eines einzelnen Umformvorgangs das Ermüdungsverhalten des Werkzeugs im Dauerbetrieb beurteilen, wie auch die entscheidende Frage des möglichen Gewaltversagens während der ersten Prozeßwiederholungen beant-worten. Hierunter sind beispielsweise die Überlastungsgefahr kritischer Werkzeugbereiche durch Rißinitiierung, extreme Verschleißraten oder mögliches Abplatzen aufgebrachter Ver-schleißschutzschichten zu zählen, **Bild 2.6**.

Die Schnittstelle zwischen beiden Versagensarten Bruch und Verschleiß bildet das Versagen der Werkzeugoberfläche durch lokale Oberflächenermüdung. Die vorliegende Arbeit, die sich der numerischen Behandlung dieser Problemstellung annehmen soll, baut dabei auf den Ergebnissen der Rißausbreitungssimulation hinsichtlich der Ermüdungsriß-initiierung auf. Im folgenden sollen daher kurz die Grundzüge des entwickelten Programm-bausteins BRUCH vorgestellt werden /4/.

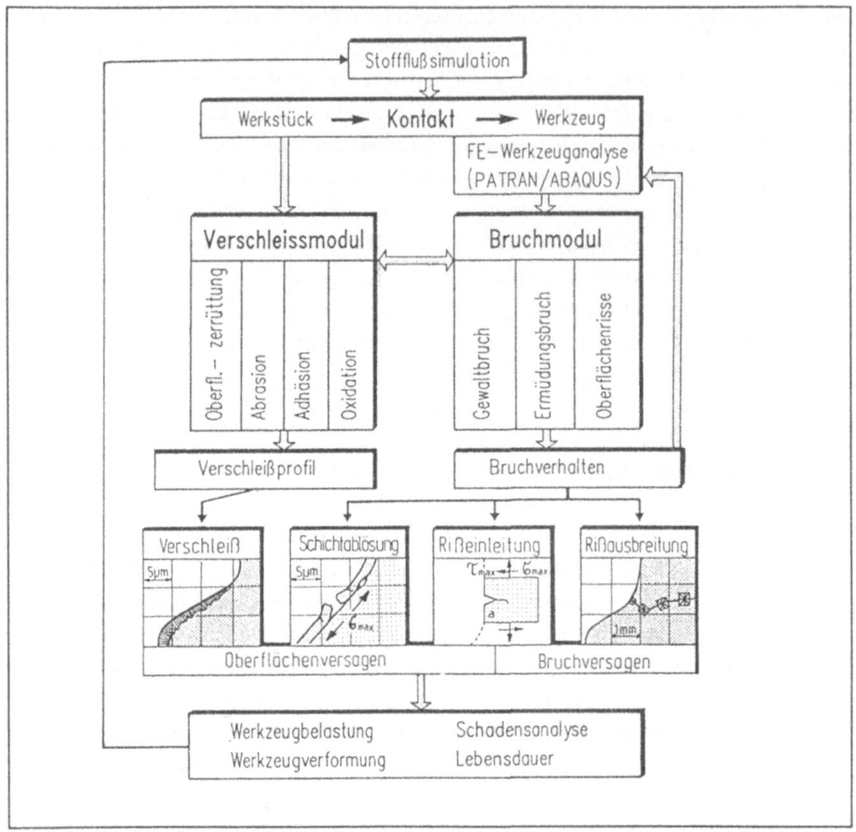

Bild 2.6:   Struktur des Programmbausteins WERKZEUGVERSAGEN

Der Versagenssimulation muß aufgrund der benötigten Belastungsrandbedingungen eine Stoffflußsimulation des untersuchten Umformprozesses vorangehen /55,56/. Die für die FE-Werkzeugberechnung sowie die weiterführende Versagenssimulation von Bruch und Verschleiß benötigten Angaben über Werkzeuggeometrie und Werkzeugbelastung können unmittelbar aus der CAD-Konstruktion des Werkzeuges bzw. der Stoffflußsimulation des betrachteten Umformprozesses übernommen werden.

Die Schnittstelle zwischen der Stoffflußsimulation und der Werkzeuganalyse bilden die Kontaktwerte aus der Kontaktzone zwischen Werkstück und Werkzeug. Im Falle der entkoppelten FE-Werkstück- und Werkzeuganalyse, die aufgrund ihres geringeren numerischen Aufwandes allgemein bevorzugt wird, liegen diese Kontaktwerte wie Normal- und Reibschub-

oberfläche vor. Sie müssen für die anschließende Versagenssimulation noch auf die Werkzeugoberfläche übertragen werden /57/, **Bild 2.6**. Diese Aufgabe übernimmt im Programmpaket WERKZEUGVERSAGEN eine spezielle Routine KONTAKT /4/.

Sind die Kontaktdaten an den Referenzpunkten der Werkzeugoberfläche verfügbar, kann daraus direkt im untergeordneten Modul VERSCHLEISS das Verschleißverhalten ermittelt werden. Für die Betrachtung des Bruchverhaltens im Modul BRUCH muß jedoch zuvor noch eine zusätzliche Spannungs-Dehnungsanalyse der Werkzeugbeanspruchung mit diesen Randwerten vorgenommen werden.

Der erste Schritt der Bruchsimulation ist eine eingehende FE-Analyse der Werkzeugbeanspruchung während des Umformvorgangs. Die Ergebnisse sind Grundlage für eine anfängliche Modellüberprüfung und weiter zur Auffindung überlastungsgefährdeter Werkzeugbereiche. Auf dem Gebiet der Massivumformtechnik wurden hierzu in den letzten Jahren bereits verschiedene Werkzeugberechnungen durchgeführt /42,57-65/. Im Mittelpunkt dieser Untersuchungen standen in den meisten Fällen Fließpreßwerkzeuge. Für diesen Werkzeugtyp liegen nach *Reiss* /20/ und *Hettig* /21/ auch erste systematische Untersuchungen des Bruchverhaltens aus praxisnahen Standmengenversuchen vor.

Für das Gesamtmodell des Umformvorgangs sowie die Simulation des Rißwachstums spielt der dynamische Belastungsvorgang der Werkzeugs während eines Preßzyklus eine entscheidende Rolle. Die Spannungs-Dehnungsverteilung im anrißkritischen Radiusbereich wie auch im gesamten Matrizenquerschnitt wird nicht nur wesentlich durch Modellgeometrie, Vorspannungszustand und Art der Innendruckverteilung beeinflußt, sondern maßgeblich durch die mit dem Stempelweg verbundene unterschiedliche Matizenfüllung während des Fließpreßvorgangs. Das sich daraus ableitende dynamische Problem mit überlagerter Zug- und Schubbeanspruchung im Werkzeugquerschnitt ist hinsichtlich Rißwachstumssimulation ohne Vereinfachung mit herkömmlichen Mitteln der Bruchmechanik kaum zu lösen.

Wird der ursprünglich dynamische Prozeßablauf jedoch in seine wichtigsten Stadien unterteilt, können diese Momentaufnahmen des kontinuierlichen Vorgangs unabhängig mit Hilfe einfacher statischer FE-Berechnungen analysiert und im Anschluß über den Gesamtvorgang interpoliert werden.

Die Simulation des Voll-Vorwärts-Fließpressens beispielsweise wurde mit Hilfe der Werkzeugbelastung der folgenden Schritte dargestellt /4/: Einlegen und Anpressen des Rohlings, beginnendem instationären Fließpreßvorgang, fünf stationären Fließpreßstadien und leerer Matrize unter reiner äußerer Vorspannung. **Bild 2.7** zeigt hierzu exemplarisch den Prozeßablauf. Die daraus resultierende zyklische Werkzeugbeanspruchung im Bereich des Übergangsradius ist in **Bild 2.8** dargestellt. Gezeigt sind die Verläufe der Axial- und Schubspannungskomponente entlang der Radiusoberfläche für die untersuchten Prozeßschritte.

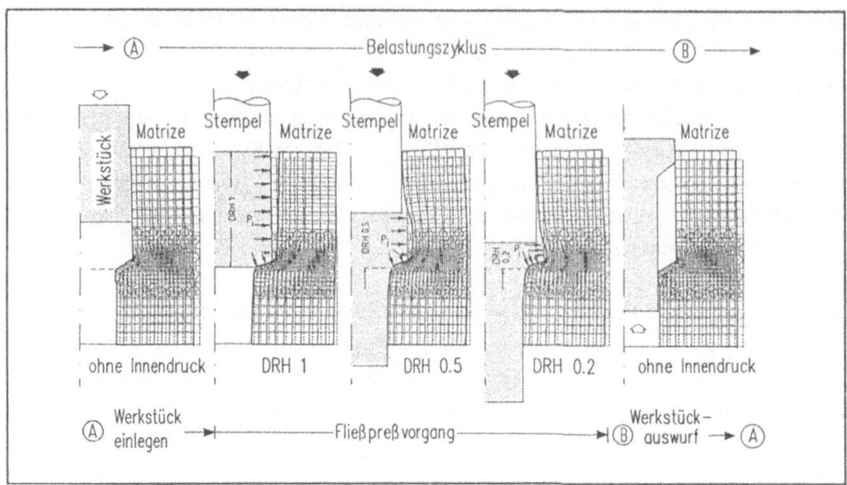

Bild 2.7: Exemplarische Vorgangsstadien des Voll-Vorwärts-Fließpressens im FE-Modell

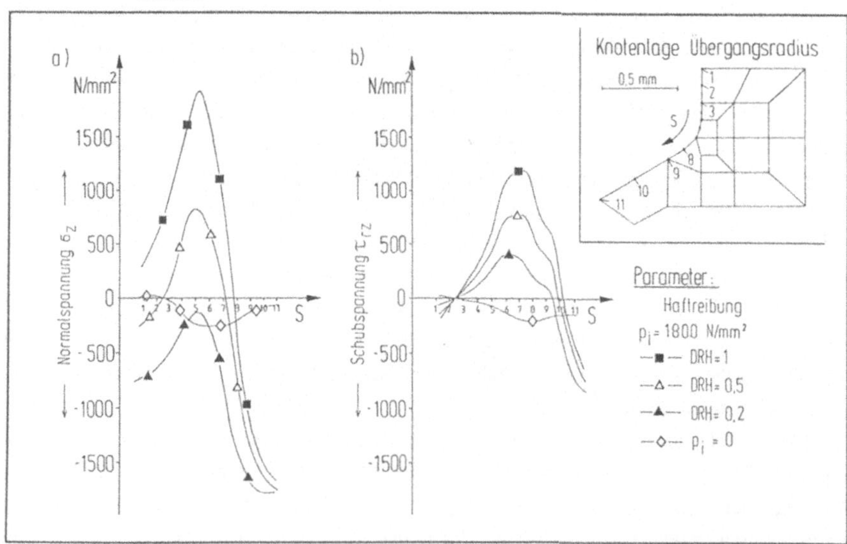

Bild 2.8: Verlauf der Oberflächenspannung entlang des Übergangsradius für verschiedene Zeitpunkte des Umformprozesses: a) Axialspannung b) Schubspannung

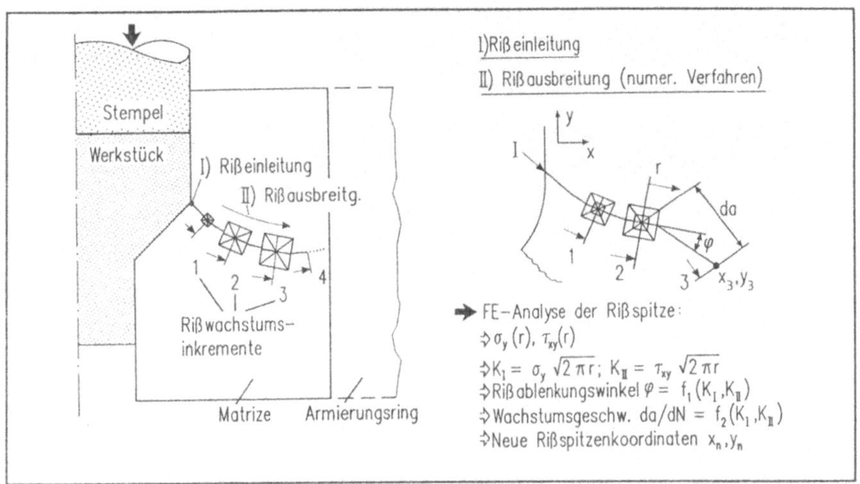

Bild 2.9: Inkrementelles Wachstum zur Simulation der Ermüdungsrißausbreitung

2.3.3 Der Programmbaustein BRUCH

Ausgehend von genauen FEM-Ergebnissen der Werkzeugbeanspruchung und -verformung eines vollständigen Umformzykluses lassen sich Rißeinleitung und -wachstum durch Kombination von FE-Analyse und Bruchmechanik simulieren, **Bild 2.9** /4/. Der nachstehend beschriebene Algorithmus zur automatischen Rißspitzenverschiebung wurde im Modul BRUCH des Programmpakets für axialsymmetrische Umformwerkzeuge implementiert.

Die Rißausbreitungssimulation im FE-Werkzeugmodell wird durch Bruchmechanikanalyse einer speziellen FE-Netzkonfiguration der Rißspitzenumgebung und schrittweiser Verschiebung der Rißfront im FE-Modell erreicht, **Bild 2.9**. Rißwachstumsrichtung und -geschwindigkeit werden durch Bruchmechanikkennwerte wie K-Faktor oder J-Integral bestimmt /47-49,66/, die sich aus den FE-Ergebnissen des Spannungs-Dehnungsfeldes um die Rißspitze berechnen lassen, **Bild 2.10**. Die neuen Rißspitzenkoordinaten zur Rißverlängerung ergeben sich durch Vorschlag eines bestimmten Rißwachstumsinkrementes für die berechnete Ausbreitungsrichtung. Die gewählte Inkrementlänge hängt zum einen von den berechneten Spannungsintensitätsfaktoren (K-Faktoren) und zum anderen von dem in der aktuellen Rißspitzenumgebung vorliegenden Gradienten des Ausgangsspannungsfeldes ohne Rißeinfluß ab. **Bild 2.10** zeigt hierzu das Werkzeugmodell mit einem eingebrachten Riß für das zweite Wachstumsinkrement und das dazugehörige Ergebnis der Spannungsverteilung

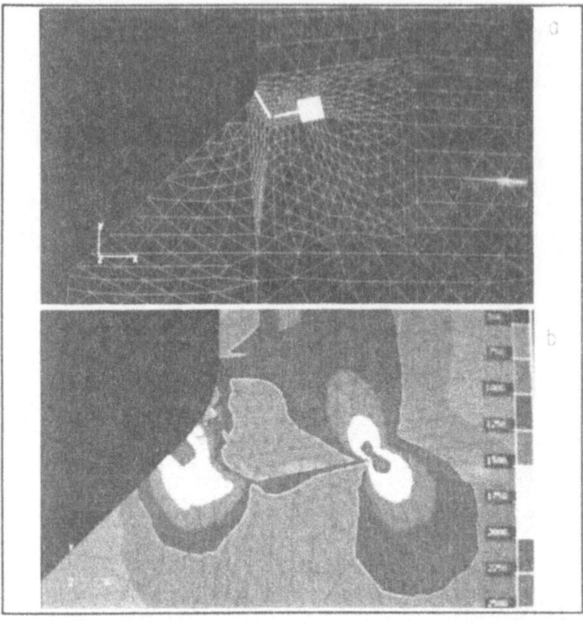

Bild 2.10: FE-Simulation der Rißausbreitung nach dem zweiten Simulationsschritt:
a) FE-Netz mit Rißspitzenstruktur,
b) vergrößerter Ausschnitt mit Verteilung der Mises-Vergleichsspannung

nach v.Mises. Erste Simulationsergebnisse der untersuchten Vollvorwärts-Fließpreßmatrize befinden sich in guter Übereinstimmung mit experimentellen Ergebnissen des gleichen Werkzeugtyps, wie sie an der Universität Stuttgart gemacht wurden, **Bild 2.11** /20,21/.

Der neu entstehende Rißpfad, der sich aus der Verschiebung der Rißspitzennetzkonfiguration auf die neue Position im FE-Modell ergibt, muß abschließend noch für den nächsten Simulationsdurchgang modelliert werden, vgl. Bild 2.10a. Durch Anwendung bekannter Rißwachstumsgesetze auf die einzelnen Wachstumsinkremente lassen sich die benötigten Lastspielzahlen ermitteln und durch Summation bis zum Versagensfall die Lebensdauer des Werkzeugs abschätzen.

Zur Betrachtung der Rißinitiierung anhand der errechneten Oberflächenbeanspruchung wurde in das entwickelte Programmsystem ein spezielles Unterprogramm integriert, das die bruchmechanische Simulation der Rißbeginns an der Werkzeugoberfläche erlaubt, **Bild 2.9**. Die Berechnung der erforderlichen Bruchmechanikkennwerte an glatten Bauteiloberflächen ohne Kerbwirkung oder Einfluß eines Anrisses allein mit Hilfe der linear-elastische Bruchmechanik (LEBM) ist jedoch nicht möglich. Die Untersuchung der Rißeinleitung im Bruchmechanikmodell bei Anwendung der LEBM setzt daher die Vorgabe eines Mikrorisses an der betrachteten Oberfläche voraus.

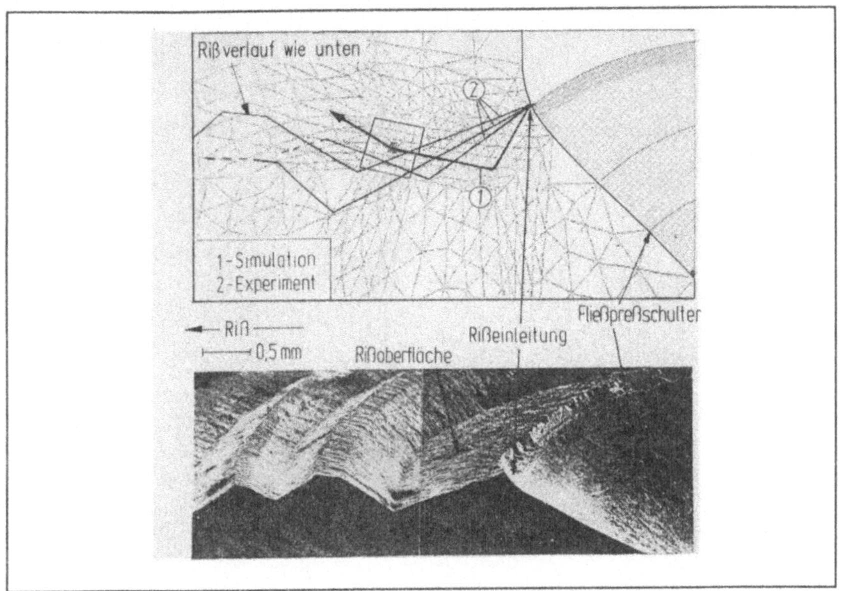

Bild 2.11: Vergleich des Rißausbreitungsverhaltens von (1) FE-Simulation und (2) exp. Standmengenuntersuchungen nach *Reiss*

Ausgehend von diesem Anriß können zwar mit Hilfe der linear-elastischen Bruchmechaniktheorie die benötigten Parameter für die Rißeinleitungsphase und das erste Wachstumsinkrement bestimmt werden, vgl. Bild 2.9, die dafür benötigte Lastspielzahl bzw. Anrißlebensdauer kann jedoch nicht ermittelt werden. Die Phase der Oberflächenermüdung und Rißinitiierung ist somit beim derzeitigen Stand der Programmentwicklung für die Simulation des Ermüdungsbruchverhaltens nicht zugänglich.

3. Zielsetzung und Aufgabenstellung

Die bisherigen Ausführungen haben die Notwendigkeit verdeutlicht, für die FE-Simulation des Werkzeugversagens als neuem CA-Baustein der rechnerintegrierten Werkzeugauslegung und -optimierung eine geeignete Vorgehensweise zur Simulation der Oberflächenermüdung und Rißinitiierung zur Verfügung zu stellen. Mit Blick auf die Weiterentwicklung eines bestehenden Softwarepaketes leitet sich hieraus die grundlegende Zielsetzungen der vorliegenden Arbeit ab: Entwicklung eines verbesserten Versagenskonzeptes der lokalen Oberflächenermüdung zur Simulation der Rißinitiierung von Umformwerkzeugen. Dieses Simulationskonzept gilt es in Form eines Programmbausteins in das existierende Simulationsprogramm zu integrieren.

Zur Erfüllung des gesetzten Ziels ergeben sich die folgenden Aufgabenstellungen:
- Erarbeitung eines Programmalgorithmus zur Simulation der Oberflächenermüdung und Rißinitiierung aufbauend auf den Ergebnissen der FE-Werkzeuganalyse,
- Verbesserung und Weiterentwicklung der bestehenden bruch- bzw. schädigungsmechanischen Grundlagen mit Blick auf die speziellen Problemstellungen bei der Simulation der Rißeinleitungsphase an Umformwerkzeugen,
- Verifizierung des entwickelten Ansatzes im direkten Vergleich von Simulationsrechnungen mit praktischen Versagensfällen, als Ergebnis eigener, idealisierter Ermüdungsversuche sowie aus der Literatur verfügbarer praxisnaher Standmengenuntersuchungen von Umformwerkzeugen,
- Anwendung der gewonnenen Erkenntnisse auf Optimierungskonzepte bei der Werkzeugauslegung.

Eine Hauptursache für die bestehenden Schwierigkeiten bei der FE-Simulation des Werkzeugversagens ist unter anderem in der fehlenden Beschreibungsmöglichkeit der entscheidenden Rißinitiierungsphase an der Werkzeugoberfläche mit Hilfe der Bruchmechanik zu sehen. Die Simulation der Ermüdungsrißeinleitung verlangt nach einem verbesserten Ansatz der lokalen Werkstoffermüdung und Anrißbildung. Ausgehend von den theoretischen Grundlagen der einachsigen Werkstoffermüdung muß daher ein neues mehrachsiges Versagenskriterium entwickelt und vorgestellt werden, das auf den Ergebnissen der FE-Werkzeugbeanspruchung aufbaut. Entsprechende Programmroutinen als Bestandteile des Programmpaketes WERK-ZEUGVERSAGEN sind zur Verfügung zu stellen.

Der theoretischen Herleitung des neuen Modells muß eine eingehende numerische Überprüfung und experimentelle Verifizierung folgen. Die numerische Überprüfung läßt sich hierbei praktischerweise durch Nachbildung und Simulation bekannter Lebensdauerversuche aus der Literatur vornehmen. Die erzielten Ergebnisse können somit unmittelbar mit den experimentellen Befunden des einachsigen Falls verglichen und zur Optimierung des entwickelten Versagenskonzeptes herangezogen werden.

Zur experimentellen Untersuchungen der Anrißbildung unter komplexen, mehrachsigen Belastungsbedingungen müssen darüberhinaus in einem weiterführenden Schritt eigene Ermüdungsversuche durchgeführt und unter identischen Bedingungen im Simulationsmodell nachgerechnet werden. Hierzu bietet sich eine gekerbte, zyklisch beanspruchte Biegebruchprobe an, bei der durch Variation des Lastangriffspunktes der Prüfmaschine auf einfache Weise unterschiedliche Beanspruchungszustände im Kerbgrund erzielt werden können. Um eine ausreichende Aussagekraft des angestrebten Vergleichs von Experiment und Simulation zu erhalten, soll hierbei eine breitgefächerte Variation der Last- und Materialparameter überprüft werden.

Ein wesentlicher Vorteil der Versagenssimulation ist die kostengünstige Möglichkeit, im Rahmen eines Design-Cycles durch Parametervariation sowie durch numerische Optimierung der Werkzeugkonstruktion zur optimalen, prozeßangepaßten Auslegung des Werkzeuges zu gelangen. Hierbei gilt es vorab den Einfluß verschiedener Modellparameter auf die numerische Genauigkeit des Simulationsergebnisses zu untersuchen und ggf. wertvolle Hinweise für die konstruktive Auslegung von Fließpreßwerkzeugen zu liefern. In diesem Zusammenhang sollen abschließend einige Optimierungsbeispiele angeführt werden, die zugleich zukünftige Perspektiven der Versagenssimulation als Grundlage der Werkzeugoptimierung aufzeigen können.

4. Konzepte zur Simulation der Rißinitiierung an der Werkzeugoberfläche

4.1 Das Konzept der kritischen Anrißtiefe a_{kr} zur bruchmechanischen Überprüfung von Oberflächenfehlern

Bei der konstruktiven Auslegung von Umformwerkzeugen gegen vorzeitiges Bruchversagen ist es in der heutigen Praxis üblich, die Betriebssicherheit der beteiligten Werkzeugaktivelemente unter Heranziehung empirischer Auslegungsfaktoren zu überprüfen. Die zu erwartende maximale Werkzeugbelastung wird hierbei z.B. als Funktion des betreffenden Umformgrades, der Werkzeugwerkstoff mit Hilfe der Druckfestigkeit des verwendeten Materials ($R_{p0.2}$) oder die vorliegende Werkzeuggeometrie z.B. in Form eines gegebenen Durchmesserverhältnisses beerücksichtigt. Entsprechende Vorschläge sind durch die Konstruktionsrichtlinien von VDI oder ICFG /37-41/ gegeben. Bestehende numerische Auslegungskriterien beruhen vielfach gleichermaßen auf diesen empirischen Grundlagen /32,58,59/. Es bedarf allerdings keiner größeren Erklärung, daß mit einer derart vereinfachten Vorgehensweise das Werkzeugverhalten nur näherungsweise unter statischen Lastbedingungen hinsichtlich des Überlastbruchs kontrolliert werden kann. Eine Abschätzung des Ermüdungsbruchverhaltens ist auf diese Weise keinesfalls zuverlässig möglich.

Eine verbesserte Möglichkeit hinsichtlich der Überprüfung der Gewaltbruchneigung der Werkzeugauslegung bietet die linear-elastische Bruchmechanik (LEBM) /4,67/. Der gewählte Ansatz ist unabhängig von Werkzeuggeometrie oder erzieltem Umformgrad, er setzt allerdings eine eingehende numerische Berechnung der Werkzeugbeanspruchung voraus. Zur bruchmechanischen Überprüfung der Betriebssicherheit von Konstruktionsteilen wird dabei üblicherweise auf das **K-Faktor-Konzept** sowie die **kritische Anrißlänge** a_{kr} von Oberflächenrissen zurückgegriffen /44,47/. Darunter ist diejenige Rißtiefe eines Oberflächenfehlers zu verstehen, die unter einer vorgegebener Belastung zur instabilen Rißausbreitung und damit zum Gewaltbruchversagen des Bauteils führt. Es wird hierbei vereinfachend von einer lokalen Zugspannung σ_0 an der Bauteiloberfläche ausgegangen, d.h. Mode-I-Bedingung angenommen. Die kritische Rißtiefe ergibt sich dann als Funktion der anliegenden Oberflächenzugspannung σ_0 und der Bruchzähigkeit K_{Ic} des betrachteten Werkstoffs /4/ zu:

$$a_{kr} = \frac{K_{Ic}^2}{\pi \sigma_0^2} \cdot \frac{1}{Y^2} \tag{4.1}$$

Der Faktor Y stellt hierbei einen analytischen Korrekturterm zur Berücksichtigung der Bauteil- bzw. Rißgeometrie dar und kann für Oberflächenanrisse vereinfacht mit dem Wert 1.12 angesetzt werden /47/.

Wird die maximal ertragbare Oberflächenzugspannung nun als Funktion der kritischen Anrißtiefe a_{kr} aufgetragen, **Bild 4.1**, erkennt man, daß mit zunehmender Belastung die Größe des bruchauslösenden Oberflächenfehlers oder -anrisses stark abnimmt. Sie beträgt bei spröden Werkstoffen nur noch wenige hundertstel Millimeter, wie am Beispiel des Kaltarbeitstahls X155CrMoV121 in **Bild 4.1a** dargestellt. Mit steigender Duktilität des Werkstoffs bzw. Bruchzähigkeit K_{Ic} nimmt die Größe des tolerierbaren Oberflächenfehlers zu. **Bild 4.1b** zeigt hierzu die Abhängigkeit der kritischen Anrißtiefe von der lokalen Belastung für den Baustahl St52-3; zu beachten ist hierbei allerdings der unterschiedliche Auftragungsmaßstab der Belastungs- und Rißtiefenwerte.

Ferner gilt es auch zu beachten, daß im Falle zäherer Materialien wie dem gezeigten St52 - im Gegensatz zu den hartspröden Werkstoffen - die plastische Zone vor der Rißspitze bei hohen Belastungen bereits für kleine Rißtiefen sehr schnell die Größenordnung der Rißlänge erreichen kann und damit die Bedingung für den Gültigkeitsbereich der LEBM unter Annahme des Kleinstbereichsfließens in der Rißspitzenumgebung streng genommen nicht mehr erfüllt ist. Qualitativ mögen die Darstellungen aber dennoch sehr eindrucksvoll die Gefährlichkeit vorhandener Oberflächenrisse auf den Versagenseintritt verdeutlichen. Dies gilt insbesondere für hartspröde Werkstoffe, die vornehmlich bei der Herstellung von Umformwerkzeugen Anwendung finden.

Inwieweit der Anriß, der letztendlich zur Gewaltbruchauslösung führt, durch den Prozeß der Oberflächenermüdung gebildet wurde oder durch eine fehlerhafte Oberflächenfeingestalt vorgegeben war, wird bei der bisherigen Betrachtung jedoch zunächst nicht weiter berücksichtigt. Außerdem ist es auch nicht möglich, den Einfluß einer vorliegenden schwingenden Werkzeugbeanspruchung - die hinsichtlich der Gewaltbruchgefahr durchaus unkritisch sein kann - auf den Prozeß der lokalen Werkzeugermüdung, d.h. das Wachstum ausbreitungsfähiger Mikrorisse als Ausgangspunkt des späteren Gewaltbruchversagens, zu untersuchen. Für die Betrachtung eventueller wachstumsfähiger Oberflächenanrisse wäre in diesem Zusammenhang nicht die kritische Anrißtiefe sondern vielmehr die Initiierungsrißtiefe a_i von Bedeutung, die sich in Analogie zu Gl.(4.1) mit dem Rißwachstumsschwellwert ΔK_{th} - ab dem die aktuelle Rißspitzenbeanspruchung kein weiteres Rißwachstum mehr bewirkt - als Funktion der zyklischen Oberflächenbeanspruchung herleiten läßt:

$$a_i = \frac{\Delta K_{th}^2}{\pi(\Delta\sigma_0)^2}\cdot\frac{1}{Y^2} \tag{4.2}$$

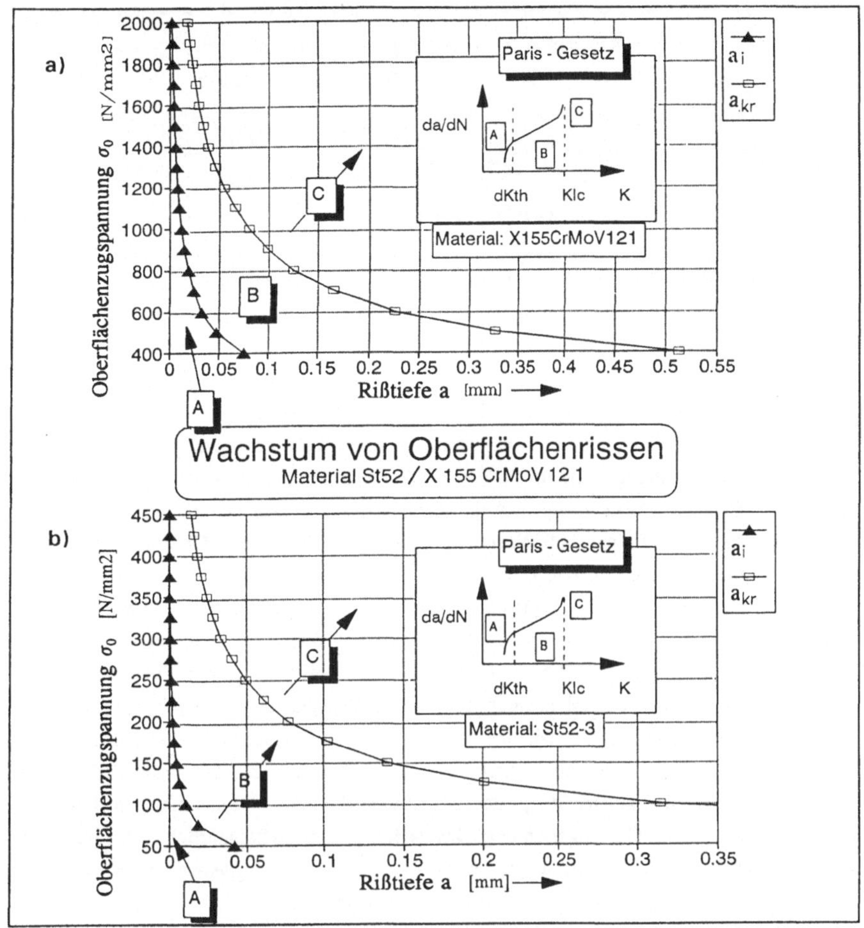

Bild 4.1a,b: Abhängigkeit der krit. Anrißtiefe a_{kr} (Gewaltbruch) und a_i (Rißinitiierung) für
a) den Kaltarbeitsstahl X155CrMoV121 ($\Delta K_{th}=210\mathrm{N/mm}^{1.5}$, $K_{Ic}=570\mathrm{N/mm}^{1.5}$)
b) den Baustahl St52-3 ($\Delta K_{th}=190\mathrm{N/mm}^{1.5}$, $K_{Ic}=1580\mathrm{N/mm}^{1.5}$).

Tabelle 4.1 gibt in diesem Zusammenhang eine überblicksmäßige Zusammenstellung charakteristischer Bruchzähigkeitswerte K_{Ic} und der daraus ermittelten kritischen Anrißlänge a_{kr} für gängige Werkzeugwerkstoffe unter Annahme einer für Warm- bzw. Kaltumformwerkzeuge charakteristischen maximalen Oberflächenbeanspruchung /21,23,35/.

Bezeichnung	Werkstoff	Einsatzhärten (Rockwell HRC)	Bruchzähigkeit K_{Ic} $(N/mm^{3/2})$	krit. Rißtiefe a_{kr} (μm)
Warmarbeitsstahl	X40CrMoV51	48-52	~1500	> 500
Kaltarbeitsstahl	X155CrVMo121	58-62	~600	15-20
Schnellarbeitsstahl	S-5-6-2	60-64	~600	15-20
Hartmetall	THR-F WC10.5Co	ca.75	~300	5-7

Tabelle 4.1: Bruchzähigkeit K_{Ic} und krit. Anrißlänge a_{kr} für typische Werkzeugwerkstoffe bei einer angenommenen maximalen Oberflächenzugspannung σ_0 von 2000 N/mm² bei Kaltfließpreßmatrizen bzw. 1000 N/mm² bei Schmiedegesenken.

Bei der Berechnung der kritischen Anrißtiefe nach Gl.(4.1) wurden die angegebenen Bruchzähigkeiten sowie eine mittels FE-Analyse berechnete lokale Beanspruchung σ_0 der Werkzeugoberfläche zugrundegelegt: im Falle von Kaltfließpreßmatrizen kann eine Oberflächenzugspannung von ca. 2000N/mm² in <u>Axial</u>richtung angenommen werden /42/, während für ein Schmiedegesenk mit ca. 1000N/mm² eine wesentlich geringere Oberflächenbelastung ermittelt wurde /35/. Im Fall von Hartmetallmatrizen ergibt sich aus diesem Belastungswert eine kritische Anrißtiefe in Umfangsrichtung im Bereich von ca.$5\mu m$; bei Stahlmatrizen liegt dieser Werte bei ca. $20\mu m$. Demgegenüber besteht bei Warmumformwerkzeugen erst bei Oberflächenrißtiefen von über 0,5mm die Gefahr des Gewaltbruchs. Wird hingegen im Fall der Fließpreßmatrize aus Stahl die von der Oberflächenbelastung in <u>Umfangs</u>richtung bei einer maximalen Tangentialzugspannung von ca. 800 N/mm² ausgehende Gewaltbruchgefahr betrachtet /42/, erhöht sich die kritische Anrißtiefe auf ca. das Zehnfache (0,14 mm). Oberflächenfehler in Längsrichtung der Matrize sind daher weitaus ungefährlicher als vergleichbare Fehler in Umfangsrichtung! Das soeben gesagte trifft natürlich auch umso mehr auf die Ermüdungsrißinitiierung zu, worauf *Reiss* /20/ mit seinen experimentellen Standmengenuntersuchungen bereits deutlich hingewiesen hat.

Auf diese Tatsache sollte deshalb auch bei der Oberflächenherstellung der Werkzeuge unbedingt durch ein geeignetes Verfahren Einfluß genommen werden und beispielsweise Schleifriefen in Umfangsrichtung vermieden werden. Das Verfahren des Druckfließläppens könnte hierbei sehr günstige Erfolge erzielen, vgl. **Bild 2.5** /21/.

Die angegebene überschlägige Abschätzung läßt somit bereits erkennen, daß bei Kaltumformwerkzeugen mit hoher Werkzeughärte auf eine besondere Sorgfalt bei der Oberflächenfeinbearbeitung zu achten ist. Bei achtloser Herstellung der Werkzeugoberfläche erreicht die Größe der verursachten Oberflächenfehler schnell die kritische Anrißtiefe und führt trotz ausreichender Werkzeugauslegung zum verfrühten und vielfach überraschenden

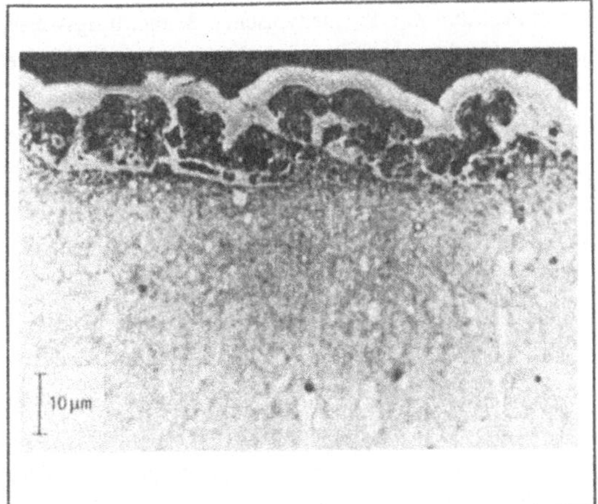

Bild 4.2: Entartete Randschicht einer erodierten Werkzeugoberfläche als Auslöser der Ermüdungsriß-einleitung /16/

Versagen des Werkzeugs. Mikrorisse in der weißen Randzone erodierter Oberflächen z.B. (**Bild 4.2**) oder gewöhnliche Schleifriefen können sich daher sehr negativ auf die Lebensdauer von Umformwerkzeugen auswirken und sollten unbedingt durch geeignete Nachbearbeitung wie Polieren in Längsrichtung entfernt werden.

Die gewünschte Modellierung des Rißentstehungsprozesses für die Lebensdauerabschätzung ist mit dieser Methode der Bruchmechanik allerdings nicht möglich. Bei der Werkzeugauslegung ist die Verwendung der angeführten Gleichungen (4.1) und (4.2) aus diesem Grunde auch nur zur bruchmechanischen Beurteilung des Oberflächenzustandes im Hinblick auf die tolerierbare Größe von Oberflächenfehlern, d.h. die geforderte Oberflächenqualität bzw. maximal zulässige Oberflächenrauheit bei der Werkzeugfertigung, zur Vermeidung des spontanen Gewaltbruchs interessant. Eine genauere Betrachtung der Rißinitiierungsphase ist somit nicht gegeben und müßte bei der Rißausbreitungssimulation unberücksichtigt bleiben. Diese Vernachlässigung stellt jedoch, wie bereits angesprochen, ein deutliches Manko für eine effiziente Lebensdauervorhersage dar.

4.2   Die Phase der Rißinitiierung

Zur Lösung der Rißeinleitungsproblematik wurden in den letzten Jahren sowohl von Seiten der Bruchmechanik als auch der Schädigungsmechanik große Anstrengungen unternommen, die Entstehungsphase sowie das nachfolgende Wachstum von Mikrorissen an der Bauteiloberfläche im Sinne eines kontinuierlichen Schädigungsprozesses interpretieren und deterministisch beschreiben zu können /44,45,91/. Die gemeinsame Modellvorstellung, die beiden Forschungsdisziplinen zur Charakterisierung der Rißinitiierungsphase zugrundeliegt, geht davon aus, daß sich in Abhängigkeit von der lokalen Mikrostruktur des Werkstoffes aus einer Vielzahl von mikroskopischen Anrißkeimen ein makroskopischer Ermüdungsriß am Belastungsmaximum der Oberfläche durchsetzt, der das weitere Rißwachstum bestimmt.

Die Bruchmechanik nähert sich dabei dem Problem mit der ihr typischen Betrachtungsweise der wirksamen Spannungsintensität aus dem Bauteilinneren durch Reduzierung der Rißlänge a gegen Null (vgl. Gl.4.1), während die Betrachtungsweise der Schädigungsmechanik direkt an der Bauteiloberfläche ansetzt. Sie macht die Ermüdung der Oberflächenrandzone infolge von Mikroplastifizierungen des Werkstoffs und Aufbrechen von submikroskopischen Gefügebereichen als Schädigungsmechanismus für die spontane Bildung eines technischen Anrisses verantwortlich. Die Problematik der Anrißbildung soll in diesem Zusammenhang anhand der Darstellung in **Bild 4.3** erläutert werden /47/.

Das stabile Wachstum von makroskopischen Ermüdungsrissen wird im allgemeinen durch den Rißfortschritt δa pro Lastwechsel, also die Rißwachstumsgeschwindigkeit da/dN ($N =$ Lastspielzahl), beschrieben. Unter Anwendung der linear-elastischen Bruchmechanik läßt sich die Rißwachstumsgeschwindigkeit dabei nach *Paris* in Abhängigkeit von der zyklischen Spannungsintensität ΔK in einer doppellogarithmischen Auftragung darstellen, **Bild 4.3** /47/. Der zyklische Spannungsintensitätsfaktor ΔK ergibt sich dabei gemäß des K-Faktor Konzepts der LEBM als Funktion einer auf die Struktur einwirkenden äußeren Belastungsamplitude $\Delta\sigma_0$ und der aktuellen Rißlänge a oder anders formuliert der Differenz der Spannungsintensitäten K_{max}-K_{min} des Beanspruchungsmaximums und -minimums eines Belastungszyklusses.

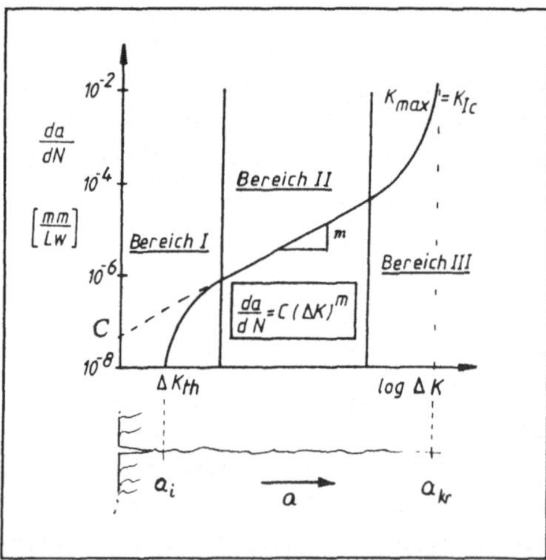

Bild 4.3: Rißwachstumsgeschwindigkeit in Abhängigkeit vom zyklischen Spannungsintensitätsfaktor ΔK bzw. der Rißtiefe a

In **Bild 4.3** lassen sich dabei drei Bereiche deutlich voneinander unterscheiden: (I) die Rißeinleitungsphase, (II) die stabile Rißvergrößerungsphase und (III) die Zone mit zunehmender Gewaltbruchgefahr. Die technisch interessante Zone II des Diagramms mit einem linearen Anstieg der Rißausbreitungsrate da/dN von 10^{-5}-10^{-3} mm/Lastspiel läßt sich durch die Gleichung von *Paris-Erdogan* mit den Parametern C und m als Werkstoffkennwerten darstellen /47/:

$$\frac{da}{dN} = C \cdot (\Delta K)^m \qquad (4.3)$$

$$mit \quad \Delta K = \Delta\sigma_0\sqrt{\pi a \cdot Y}$$

In der gewählten doppeltlogarithmischen Darstellung entspricht dies einer Geraden mit der Steigung m und dem Basiswert C, die den mittleren Kurvenbereich gut annähert.

Nimmt die Rißtiefe a bei konstanter äußerer Belastung $\Delta\sigma_0$ zu, steigt demnach definitionsgemäß nach Gl.(4.3) der zyklische Spannungsintensitätsfaktor ΔK und damit auch die Ausbreitungsgeschwindigkeit da/dN in Abhängigkeit von $\sqrt{a}$ an. Es ist zu erkennen, daß die Wachstumsrate in der *Rißfortschrittsphase (II)* entsprechend schnell zunimmt, bis sie mit Erreichen der Bruchzähigkeit K_{Ic} und der kritischen Rißtiefe a_{kr} instabil wird und es zum *Restgewaltbruch (III)* kommt. Unterhalb des Schwellwertes ΔK_{th} und der damit verknüpften Anriß- oder Initiierungsrißtiefe a_i zu Beginn der *Anrißphase (I)* ist jedoch rein theoretisch kein Wachstum mehr möglich. Die Wachstumsphase des stabilen *Rißfortschritts (II)* ist somit durch die Anrißlänge und die kritische Rißtiefe begrenzt. Das entsprechende Versagenskriterium lautet dann:

$$\Delta K_{th} \leq \Delta K < K_{Ic}\,, \qquad \left(\ \frac{da}{dN} = C \cdot (\Delta K)^m\ \right) \qquad\qquad (4.4)$$

Bei Unterschreitung der Anrißtiefe a_i, d.h. für sehr kleine Oberflächenrisse, kann der Rißausbreitungsmechanismus und damit auch der Mechanismus der Rißinitiierung aus diesem Grunde bruchmechanisch nicht mehr beschrieben werden. In dieser Anfangszone der *Anrißphase (I)* wäre demnach eigentlich auch überhaupt kein meßbarer Rißfortschritt mehr zu erwarten. Mikroskopische Anrisse $< a_i$ zeigen aber erstaunlicherweise dennoch bei mittleren und geringen Belastungen ein - wenngleich auch teilweise anomales - Wachstumsverhalten /68/. Für gleichwertige Mikrorisse unter gleichen äußeren Bedingungen wird allerdings ein stark streuendes Verhalten von sehr schnellem Wachstum bis zur Mikrorißarretierung beobachtet, das stark von der plastischen Zone des Mikrorisses für den jeweiligen Werkstoff sowie der Korngröße und der Zusammensetzung des lokalen Gefüges abhängig ist.

Die Rißinitiierung läßt sich deshalb phänomenologisch nur noch durch eine Modellvorstellung der Ermüdungs- oder Schädigungsmechanik sinnvoll beschreiben: die Bildung eines makroskopisch wachstumsfähigen Anrisses erfolgt demnach durch das Zusammenwachsen zeitgleich entstehender, 'konkurrierender' mikroskopischer Ermüdungsanrisse. Dieser Prozeß führt zu einer kontinuierlichen Materialermüdung und Schadensakkumulation der Oberflächenrandzone, wobei nach einer bestimmten Belastungsdauer die Oberfläche zuerst im Bereich des Beanspruchungsmaximums versagt und lokal aufreißt. Ist die Tiefe δa^* dieser Schädigungszone - die stark von der Höhe der Spannungskonzentration und dem Gradienten der Oberflächenbeanspruchung in Querschnittsrichtung abhängt - in Anlehnung an die bruchmechanische Betrachtungsweise größer als die erforderliche Anrißtiefe a_i, setzt scheinbar spontan das weitere Ermüdungsrißwachstum ein, vgl. **Bild 4.3**. Eigene Untersuchungen zur Bildung technischer Anrisse an gekerbten Biegeproben im Ermüdungsversuch konnten diese Vorstellung der spontanen Anrißbildung und des weiteren stabilen Rißwachstums nach einer bestimmten Anrißlebensdauer N_i stützen, vgl. **Bild 6.4**, Abschnitt 6.2.

Die *Gesamtlebensdauer* N_{ges} eines zyklisch belasteten Bauteils setzt sich demnach aus der *Anrißlebensdauer* N_i, die zur Bildung eines wachstumsfähigen Oberflächenrisses aufgewendet werden muß, und der eigentlichen, anschließenden *Rißausbreitungslebensdauer* N_{br} bis zum Eintritt des Versagensfalls zusammen:

$$N_{ges} = N_i + N_{br} = N_i + \sum_{k=1}^{bruch} \left(\int_{a_k}^{a_{k+1}} \frac{1}{C \cdot (\Delta K_v)^m} \, da_k \right) \qquad (4.5)$$

Die *Rißausbreitungslebensdauer* N_{br} ergibt sich hierbei - im Falle der gewählten inkrementellen Rißausbreitungssimulation (vgl. Abschnitt 2.3.3) - als rein bruchmechanisches Problem aus der Summe der für die einzelnen Rißwachstumsinkremente da_k, von $k=1$ bis *bruch*, berechneten Lastspielzahlen N_{ink} unter Anwendung der implementierten Rißwachstumsgesetze, vgl. Gl.(4.3) /4/. Bei der Abschätzung der *Anrißlebensdauer* N_i, als einem Problem der Werkstoffermüdung, besteht allerdings im Gegensatz dazu die Schwierigkeit, ein geeignetes Prozeßmodell zur Beschreibung der Ermüdungsrißbildung als Vorgang einer Oberflächenschädigung zu definieren, da die Rißinitiierungsphase, wie gesehen, einer eigenen Gesetzmäßigkeit unterliegt und für die Versagenssimulation mit Hilfe der Bruchmechanik nicht zu beschreiben ist /69/.

Zur Beschreibung des kontinuierlichen Schädigungsprozesses der Oberflächenrandzone bietet die Schädigungsmechanik verschiedene Modellvorstellungen an, die für die Versagenssimulation als Grundlage zur Bestimmung der ertragbaren Anrißlebensdauer herangezogen werden können /91/. Eine der bekanntesten davon ist die lineare Schadensakkumulationshypothese nach *Palmgren-Miner*, die kurz für den Fall der Oberflächenermüdung unter Annahme einer gleichbleibend schwingenden Belastung vorgestellt werden soll /74,87/.

Zu diesem Zweck wird ein kleines Volumenelement im Bereich des Belastungsmaximums der Oberflächenrandzone betrachtet, für das idealisiert ein homogenes Lastniveau der lokalen Schwingbeanspruchung angenommen werden kann. Gemäß dieser Hypothese läßt sich das resultierende Schädigungsverhalten mit Hilfe eines Schädigungssparameters D - als dem Quotient N/N_f der aktuell erreichten Lastspielzahl N und der maximal ertragbaren Bruchlastspielzahl N_f des vorgegebenen Lastniveaus - linear beschreiben, **Bild 4.4**. Der Versagensfall des betrachteten Volumenelements tritt genau dann ein, wenn der Schädigungsparameter D bzw. N/N_f den Wert 1 erreicht hat; ein Wert kleiner 1 stellt demnach ein Maß für eine Teilschädigung oder die verbleibende Restlebensdauer des Elements dar.

Liegt an der betrachteten Bauteiloberfläche jedoch kein homogenes Beanspruchungsniveau vor, sondern wie im Fall einer Spannungskonzentration an einer Bauteilkerbe ein stark inhomogener Beanspruchungsgradient, läßt sich das Schädigungsverhalten der Oberfläche nur anhand finiter Randzonenbereiche betrachten, für die in erster Näherung ein homogenes Beanspruchungsniveau angenommen werden kann. Der Gradient des lokalen Beanspruchungsmaximums, z.B. der lokalen Axialzugspannung, wird dazu näherungsweise durch eine Treppenfunktion mittels sogenannter elementarer Schädigungsblöcke beschrieben. Jeder dieser Blöcke δa_k entspricht dabei einem bestimmten Volumenelement der Oberflächenrandzone für das eine gemittelte, homogene Lastverteilung σ_k angenommen wird, **Bild 4.4**. Die Ausdehnung δa der einzelnen Blöcke wird durch die Steilheit des Gradienten bestimmt und muß numerisch durch das Simulationsprogramm bei Vorgabe einer prozentualen Schrittweite ermittelt werden.

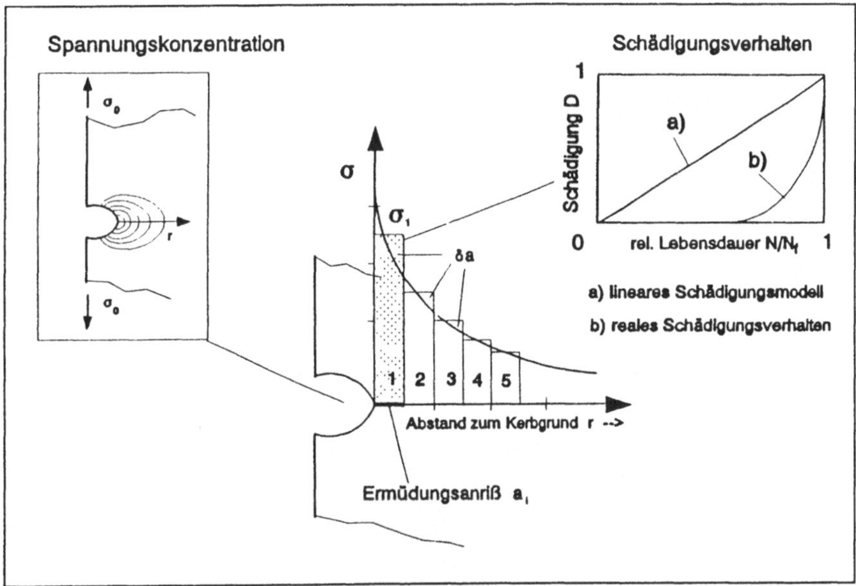

Bild 4.4: a) Darstellung des Spannungsgradienten an der Werkzeugoberfläche durch eine Treppenfunktion mit Belastungsblöcken konstanter Beanspruchungsniveaus
b) Lineare Schadensakkumulation der betrachteten Randzonenvolumina unter Vorgabe konstanter, mittlerer Lastniveaus

Bei einer schwingenden Beanspruchung erfährt nun jedes Randzonenelement gemäß seines abnehmenden mittleren Lastniveaus σ_k eine kontinuierliche Teilschädigung D_k der folgenden Art $D_1=N_1/N_{f1}$, $D_2=N_2/N_{f2}$, $D_3=N_3/N_{f3}$,... /89/. Im Fall der Anrißsimulation interessiert in diesem Zusammenhang im allgemeinen allerdings nur das Versagen der ersten Prozeßzone δa_1 als dem Moment der Anrißbildung. Für die anschließende Rißausbreitungssimulation liefert der entstandene Mikroriß somit das erforderliche erste Anrißinkrement und die gesuchte Anrißlebensdauer N_i, vgl. Gl.(4.5) /4/. Ist der entstehende Mikroriß δa_i des ersten Elements allerdings kleiner als die benötigte bruchmechanische Initiierungsrißtiefe a_i, vgl. **Bild 4.3**, müssen weiterführend auch die nachfolgenden Volumenelemente bis zum Erreichen der gewünschten Anrißtiefe unter Berücksichtigung ihrer Vorschädigung betrachtet werden /89/.

Grundvoraussetzung hierfür ist jedoch in jedem Fall, daß entsprechende Versagensmodelle zur Verfügung stehen, mit deren Hilfe aus den berechneten Beanspruchungsniveaus der betrachteten Randzonenvolumina als Ergebnis der FE-Simulation die erreichbare Grenzlastspielzahl abgeschätzt werden kann. Der folgende Abschnitt wird hierzu verschiedene Konzepte der lokalen Werkstoffermüdung vorstellen.

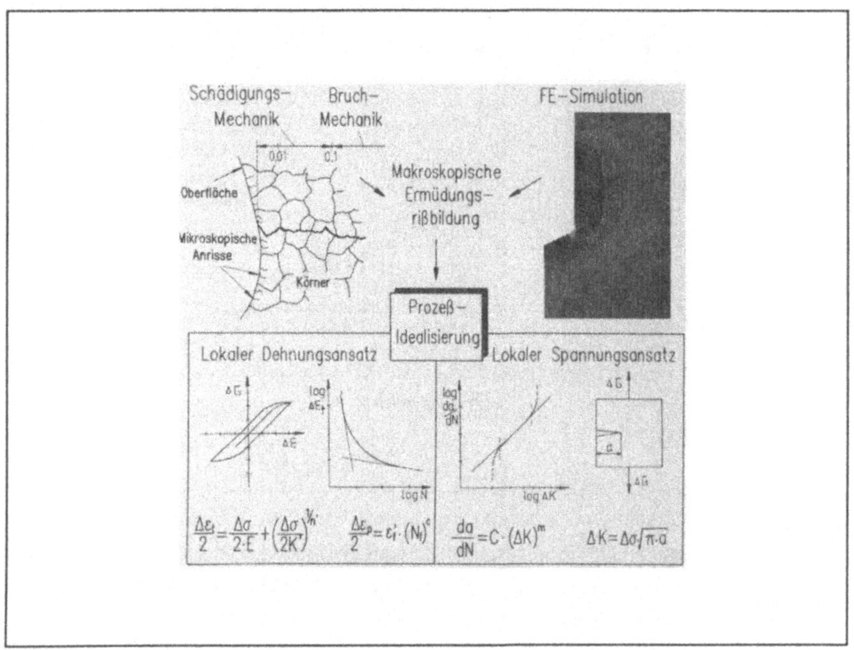

Bild 4.5: Lokaler Spannungs- und lokaler Dehnungsansatz als prinzipielle Beschreibungsmöglichkeiten der Rißinitiierung, vgl. Gl.(4.3), Gl.(4.7)

4.3 Versagenskonzepte zur Simulation der Ermüdungsrißeinleitung

Die erfolgreiche FE-Simulation der Rißinitiierung unter komplexen zyklischen Belastungsbedingungen stellt hohe Anforderungen an die angewandten Versagenskriterien. Die aus der Literatur bekannten Lösungsansätze stellen jedoch mit Blick auf mehrachsig schwingende Beanspruchungen mit überlagerten statischen Mittelspannungskomponenten vielfach nur Insellösungen zur Betrachtung von Spezialfällen dar /80/.

Im folgenden sollen nun zunächst für den einachsigen Belastungsfall die sich daraus ableitenden Prozeßidealisierungen aufgezeigt sowie deren Anwendbarkeit für die numerische Auswertung der FE-Oberflächenanalyse diskutiert werden. Mit Blick auf den späteren Einsatz dieser Konzepte im Rahmen der Versagenssimulation von Werkzeugen der Kalt- und Warmumformung sollen hierbei auch die unterschiedlichen Anforderungen seitens der Werkzeugwerkstoffe, d.h. begrenzte Duktilität bzw. extreme Hartsprödigkeit, berücksichtigt werden. Daran anschließend werden zwei mögliche Erweiterungen der einachsigen Versagensmodelle auf den mehrachsigen Anwendungsfall vorgestellt und die damit verbundenen Probleme angesprochen.

Als letzter Punkt dieses Überblicks wird ein neueres energetisches Versagenskonzept vorgestellt, das als Ergänzung zu bestehenden Versagenskonzepten und mit Blick auf die oben angesprochenen Forderungen Verbesserungen für die Werkzeugsimulation verspricht und somit als theoretische Grundlage für ein universelles Simulationsprogramm gut geeignet erscheint.

4.3.1 Die Methode der lokalen Oberflächenspannung

Einen ersten, denkbaren Lösungsansatz bietet, wie bereits angedeutet, die linear-elastische Bruchmechanik durch Betrachtung der lokalen Oberflächenspannung als Ergebnis der FE-Analyse der Werkzeugoberfläche. Er soll im folgenden soll als *lokaler Spannungsansatz* bezeichnet werden.

Als bruchmechanischer 'Berechnungstrick' muß bei diesem Verfahren ein fiktiver Mikroriß δa an der betreffenden Oberflächenpartie eingeführt werden. Dieser erlaubt es, aufbauend auf der Theorie der LEBM, die benötigten lokalen Beanspruchungs- und Rißwachstumsparameter für die Rißeinleitungsphase und das erste Wachstumsinkrement zu bestimmen, wobei ein ebener Spannungszustand ESZ an der Oberfläche vorausgesetzt wird, **Bild 4.5**. Der entscheidende Nachteil dieser Vorgehensweise unter Heranziehung der LEBM ist jedoch, daß die Vorgabe des fiktiven Mikrorisses es nicht erlaubt, die Zeitdauer N_i bis zur Entstehung eines wachstumsfähigen Oberflächenanrisses explizit zu bestimmen. Eine wesentliche Information zur Berechnung der Gesamtlebensdauer geht damit verloren, vgl. Gl.(4.5).

Darüberhinaus ist der Ansatz der LEBM nicht in der Lage, die an der Werkzeugoberfläche herrschenden komplexen, zyklischen Spannungsverhältnisse richtig zu erfassen, und versagt vollkommen im Falle auftretender Mikroplastifizierung der Werkzeugoberfläche. Abgesehen von der Anwendung auf sehr spröde Werkstoffe mit nahezu elastischem Materialverhalten, wie z.B. der Gruppe der Hartmetalle /23/, die keine ausgeprägte Rißinitiierungsphase aufweisen und deren Anrißverhalten ganz wesentlich von Oberflächenstrukturfehlern beeinflußt wird, ist dieser bruchmechanische Ansatz somit für eine universelle Simulationssoftware als alleiniges Anrißkriterium nicht ausreichend /70/.

Wird hingegen die Oberflächenermüdung als dominierender Mechanismus der Anrißbildung zugrundegelegt, können die lokalen Spannungsergebnisse aber dennoch eine wertvolle Grundlage zur Beschreibung der Rißinitiierung bieten. Gemäß der *Normalspannungshypothese* wird das Ermüdungsverhalten von hartspröden Werkstoffen, wie den in der Kaltmassivumformung zum Einsatz kommenden hochvergüteten Kalt- oder Schnellarbeitsstahlqualitäten mit üblichen Einsatzhärten von 56-66 HRC, maßgeblich durch die Komponente der vorliegenden, maximalen Hauptnormalspannung bestimmt /24,106/. In Analogie zu der nachfolgend beschriebenen Methode der lokalen Oberflächendehnung liefert die maximale Hauptspannungskomponente den benötigten einachsigen Beanspruchungsparameter zur Bestimmung der Grenzlastspielzahl der betrachteten Randzonenvolumina mit Hilfe bekannter Wöhler-Kurven aus dem spannungskontrollierten Zeitstandversuch. Für die linear-elastische FE-Werkzeuganalyse bietet sich dieses einfache einachsige Konzept daher als erstes praktisches Versagenskriterium an.

4.3.2 Die Methode der lokalen Oberflächendehnung

Eine wesentlich erweiterte Beschreibungsmöglichkeit der Rißinitiierungsproblematik auch für elastisch-plastisches Materialverhalten, wie es z.B. bei den etwas duktileren Warmarbeitsstählen mit Einsatzhärten bis 50 HRC und einer typischen Fließgrenze um 1500 N/mm² zu beobachten ist, bietet ein weiteres Modell der Ermüdungsmechanik, das von der lokalen Dehnung der Oberfläche ausgeht, **Bild 4.5** /43,71,72/. Aus der englischsprachigen Literatur ist dieses Konzept als *'local strain approach'* bekannt und wurde unter dem Begriff *lokaler Dehnungsansatz* in diese Arbeit übernommen.

Die betrachtete Idealisierung beschreibt den Vorgang der Rißeinleitung bei elastischplastischem Materialverhalten durch den Prozeß akkumulativer Schädigung eines sehr kleinen Oberflächenvolumens infolge zyklischer Be- und Entlastung. Die Anrißbildung erfolgt dabei wie beschrieben durch das Ermüdungsversagen und das damit einhergehende Aufreißen der betrachteten Schädigungszone bei Erreichen der materialspezifischen Zeitfestigkeit /73/. Die Tiefe δa dieser Anrißzone, die annähernd homogene Beanspruchungsverhältnisse in Richtung des Werkzeugquerschnitts voraussetzt, ergibt sich im Modell aus einer Idealisierung des inhomogenen Spannungs-Dehnungszustandes in Querschnittsrichtung, vgl. **Bild 4.4**.

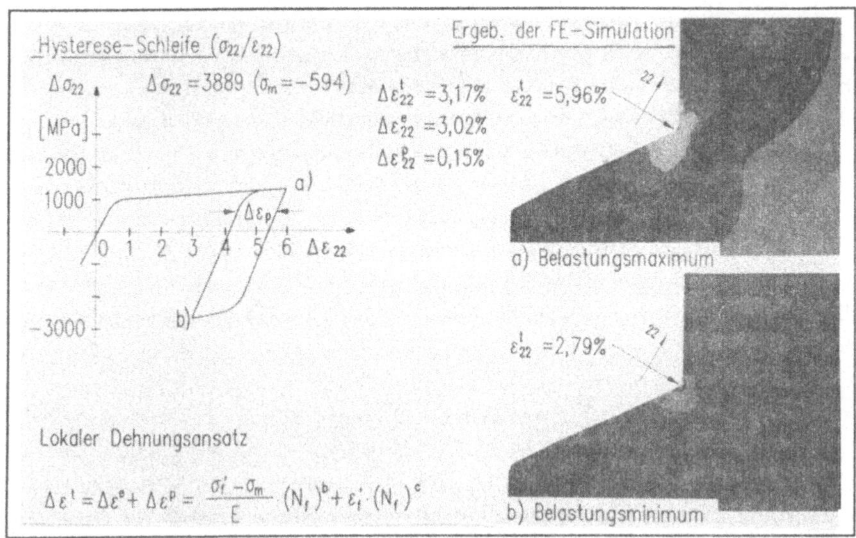

Bild 4.6: Spannungs-Dehnungshysterese der Hauptdehnungskomponente ε_{22}^t an der Werkzeugoberfläche als Ergebnis der FE-Analyse eines Belastungszyklus

Bild 4.6 zeigt die bei der Werkzeuganalyse vorgefundenen zyklischen Beanspruchungsverhältnisse im Bereich des Übergangsradius zur Fließpreßschulter. Deutlich zu erkennen ist die starke Spannungs-Dehnungskonzentration in diesem Bereich der Werkzeugoberfläche. Die Schwingbreite der totalen Oberflächendehnung $\Delta\varepsilon_{22}^t$ beträgt für den gezeigten Fall 3,17 % und weist einen geringen Anteil von 0,15 % zyklischer plastischer Dehnung $\Delta\varepsilon_{22}^p$ auf.

Der entscheidende Schritt dieses Simulationsansatzes besteht nun darin, die bei der FE-Analyse vorgefundenen Beanspruchungsverhältnisse der Anrißzone, gegeben durch die Spannungs-Dehnungshystereseschleifen der einzelnen Belastungskomponenten, mit Hilfe eines einparametrigen Vergleichsbeanspruchungskennwerts gedanklich auf den einachsigen, dehnungskontrollierten Ermüdungsversuch zu übertragen. Die vorgefundene lokale elastisch-plastische Oberflächendehnung wird hierbei als Maß für die kontinuierliche Werkstoffschädigung betrachtet und kann mit Hilfe der im dehnungskontrollierten Ermüdungsversuch aufgenommenen Zeitstanddiagramme mit der für das vorliegende Beanspruchungsniveau erreichbaren Lastspielzahl (Anrißlebensdauer) korreliert werden.

Das Ermüdungsverhalten der betrachteten Anrißzone δa, d.h. des ersten Schädigungsblocks (vgl. **Bild 4.4**), läßt sich somit in erster Näherung in Anlehnung an die Normalspannungs-hypothese anhand der maximalen Oberflächendehnungskomponente relativ einfach aus bestehenden Zeitstand- oder Lebensdauerdiagrammen abschätzen, vgl. Gl.(4.11). Die bis zur Bildung des Anrisses benötigte Grenzlastspielzahl N_f (der Index f leitet sich vom englischen Begriff *failure* ab) entspricht dann der gesuchten Anrißlebensdauer N_i. **Bild 4.7** zeigt hierzu schematisch die Lebensdauerkurve des dehnungskontrollierten Zeitstandversuchs.

Das Ermüdungsverhalten im Kurzzeitermüdungsbereich mit $N < 10^4$ (=low cycle fatigue) bei einem überwiegend plastischen Dehnungsanteil $\Delta \epsilon^p$ kann wie auch im Langzeitermüdungs-bereich mit $N > 10^5$ (=high cycle fatigue) und überwiegend elastischem Dehnungsanteil $\Delta \epsilon^e$ durch eine einfache mathematische Formulierung angenähert werden. Unter Vernachlässigung der jeweils verbleibenden elastischen oder plastischen Restdehnung, lauten die bekannten Ermüdungsgesetze nach *Manson-Coffin* bzw. *Basquin* für den lokalen Dehnungsansatz wie folgt /43/:

$$\frac{\Delta \epsilon^p}{2} = \epsilon_f' \cdot (2N_f)^c \; , \quad \frac{\Delta \epsilon^e}{2} = \frac{\sigma_f'}{E} \cdot (2N_f)^b \tag{4.6}$$

Das Funktionsargument bezieht sich dabei auf die Lastwechselzahl $2N_f$ (=2xLastspielzahl), der vorliegende Beanspruchungswert auf die halbe Schwingbreite der zyklischen Dehnungs-komponente, d.h. die Dehnungsamplitude $\Delta \epsilon^e/2$ bzw. $\Delta \epsilon^p/2$.

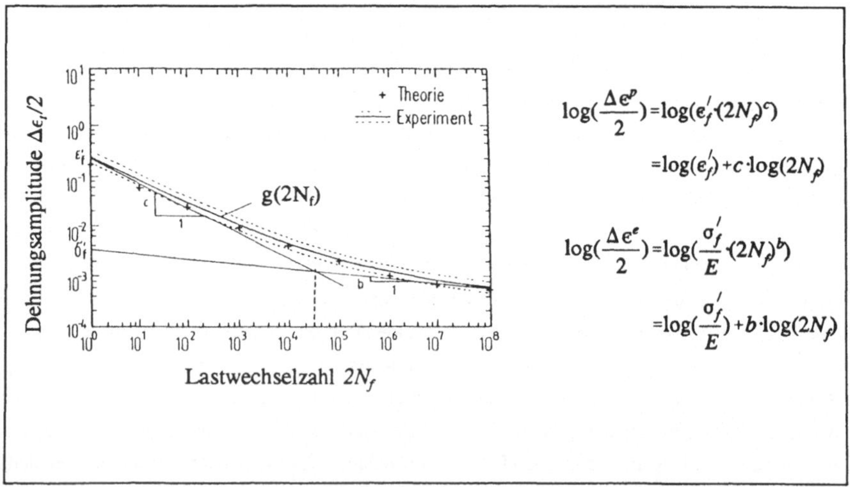

Bild 4.7: Lebensdauerdiagramm des dehnungskontrollierten Zeitstandversuchs: Grenzlastwechselzahl $2N_f$ als Funktion der totalen Dehnungsamplitude $\Delta \epsilon^t/2$

In doppeltlogarithmischer Auftragung lassen sich diese Funktionen als Geraden an die Lebensdauerkurve $g(2N_f)$ interpretieren, **Bild 4.7**. Hierbei entsprechen die Exponenten b und c den Geradensteigungen; die beiden Ermüdungskoeffizienten ϵ_f', der zykl. Bruchdehnungskoeffizient, und σ_f', der zykl. Bruchspannungskoeffizient, legen die Schnittpunkte der Geraden mit der Ordinate fest. Die Korrelation der zykl. Bruchspannung mit der elastischen Dehnungsamplitude schließlich erfolgt in Anlehnung an das Hooksche Gesetz über den E-Modul.

Das Ermüdungsverhalten für den gesamten Lebensdauerbereich kann darauf aufbauend auch mathematisch als additive Überlagerung des elastischen und plastischen Dehnungseinflusses aufgefaßt werden und läßt sich durch die folgende Beziehung für die totale Dehnungsamplitude $\Delta\epsilon^t/2$ ausdrücken:

$$\frac{\Delta e^t}{2} = \frac{(\sigma_f' - \sigma_m)}{E} \cdot (2N_f)^b + e_f' \cdot (2N_f)^c \tag{4.7}$$

Der Einfluß einer eventuellen statischen Mittelspannung σ_m wird dabei im allgemeinen nach einem Vorschlag von *Morrow* durch einen zusätzlichen Term zur Bildung einer effektiven Dehnungsamplitude in der elastischen Dehnungsformulierung berücksichtigt /43/.

Die angegebene Lebensdauergleichung (4.7) kann jedoch für die numerische Anwendung im Sinne einer allgemeingültigen Lösung noch nicht befriedigen. Sie ermöglicht zwar die Abschätzung der zulässigen Oberflächenbeanspruchung für eine vorgegebene Mindestlebensdauer N_f; die mathematische Umkehrung, d.h. die Bestimmung der erreichbaren Lastspielzahl für eine beliebig vorgegebene Oberflächenbeanspruchung als Ergebnis der FE-Simulation ohne eine programmtechnische Fallunterscheidung, ist mit dieser Gleichung aber nicht möglich. Darüberhinaus kann der Übergangsbereich zum plastischen Verhalten, der in vielen Anwendungsfällen bei beginnender Plastifizierung von Interesse ist, nicht ausreichend genug beschrieben werden. Für die Versagenssimulation wäre daher eine geschlossene und umkehrbare mathematische Formulierung der Lebensdauerfunktion Gl.(4.7) des folgenden Typs für den gesamten Bereich des Lebensdauerdiagramms wünschenswert, **Bild 4.7**:

$$\log\left(\frac{\Delta e^t}{2}\right) = g(\log 2N_f) \tag{4.8}$$

Aufgrund der komplexen mathematischen Darstellung der Lebensdauergleichung konnte dieses Problem jedoch bisher nicht gelöst werden, und es ist keine erweiterte Beschreibung aus der Literatur bekannt /43,75/. Für die vorliegende Arbeit bestand daher unter anderem die Aufgabe, für die numerische Simulation einen geeigneten geschlossenen mathematischen Ansatz zu entwickeln. Er soll im folgenden nur kurz skizziert werden; eine detaillierte Herleitung ist dem Anhang A1 zu entnehmen.

Die Lösung des Problems gelingt durch Approximation der ersten Ableitung der gesuchten Lebensdauerfunktion g *(log2N$_f$)* an definierten Intervallgrenzen und anschließender Integration über den gesamten Intervallbereich. Die benötigte Ableitungsfunktion g *'(log2N$_f$)* kann hierbei aus den beiden Lebensdauergeraden des elastischen wie des plastischen Bereichs als den beiden lokalen ersten Ableitungen der Funktion g *(log2N$_f$)* für das vorgegebene Intervall bestimmt werden. Die Auflösung der sich ergebenden quadratischen Gleichung nach dem Argument der Funktion $2N_f$ liefert schließlich den gewünschten Ausdruck zur Berechnung der Lastspielzahl:

$$2N_f = 10^{\dfrac{-2\sqrt{z}\cdot\sqrt{\log(\frac{\Delta e^{t}}{2})\cdot(b-c)+c^2z+A\cdot(c-b)-2cz}}{(b-c)}} \qquad (4.9)$$

Die erhaltene Formel ermöglicht es nun, ausgehend von den lokalen FE-Ergebnissen der Bauteil- bzw. Werkzeugoberfläche, die Lebensdauer als Funktion der errechneten, totalen Dehnungsamplitude $\Delta\epsilon^{t}/2$ zu bestimmen. Die Lebensdauer hängt hierbei, neben der aktuellen zyklischen Beanspruchung und der statischen Mittelspannungskomponente σ_m, nur von den bekannten Werkstoffkennwerten ϵ_f', σ_f', c und b sowie der Integrationskonstante A und dem Parameter z ab. Diese beiden wiederum lassen sich als Funktionen der Werkstoffkennwerte ermitteln, die für eine Vielzahl von Werkstoffen erhältlich und in tabellierter Form in der Literatur zusammengetragen sind, vgl. Tabelle 6.1, Abschnitt 6.2.1 /76/.

Es muß an dieser Stelle allerdings bereits ausdrücklich betont werden, daß für die meisten Werkzeugwerkstoffe der Kalt- und Warmmassivumformung, im Gegensatz zu anderen ingenieurwissenschaftlichen Bereichen mit sicherheitskritischen Anwendungsproblemen, noch kaum derartige Ermüdungsparameter zu erhalten sind. Für die vergleichenden Untersuchungen von Simulation und Experiment im weiteren Verlauf dieser Arbeit mußte daher auf Werkstoffe zurückgegriffen werden, für die die benötigten Ermüdungsdaten aus der Literatur verfügbar waren. Als Musterwerkstoffe wurden zu diesem Zweck die beiden Stahlsorten St52-3 und 100Cr6 (53 HRC) ausgewählt, die als Werkzeugwerkstoffe in der Umformtechnik zwar im allgemeinen keine Anwendung finden, die aber dennoch zur Verdeutlichung unterschiedlicher Materialverhalten als typische Vertreter eines duktilen und eines hartspröden Stahls herangezogen werden können. Die zugehörigen experimentellen Lebensdauerdiagramme sowie die zugehörigen Ermüdungskennwerte (vgl. auch Tabelle 6.1, Abschnitt 6.2.1) sind hierzu exemplarisch im Anhang A1 aufgeführt.

4.3.3 Konzepte der lokalen Oberflächenbeanspruchung bei mehrachsiger Belastung

Die bislang vorgestellten Versagenskonzepte zur Beschreibung der zyklischen Werkstoffermüdung basieren im allgemeinen auf einer einachsig zyklischen Spannungs-Dehnungs-
beanspruchung. Das generelle Problem derartiger Ermüdungsansätze ist allerdings in der
unzureichenden Beschreibungsmöglichkeit komplexer mehrachsiger Beanspruchungszustände
mit gegenphasigen Belastungskomponenten, überlagerten Mittelspannungen oder zyklischen
Schubspannungsanteilen zu sehen. Umformwerkzeuge unter Einsatzbedingungen weisen
jedoch, wie eingehende FE-Untersuchungen gezeigt haben /42/, solche Belastungszustände
auf, die weit entfernt von den Beanspruchungsfällen idealisierter, einachsiger Laborproben
sind. Es ist daher nicht verwunderlich, daß herkömmliche Versagensansätze nicht in der Lage
sind wie für dieses Beispiel, ausreichend genaue Vorhersageergebnisse zu liefern.

In der Vergangenheit sind aus diesem Grunde sowohl auf dem Gebiet der Bruchmechanik
/77,78/ wie auf dem Gebiet der Ermüdungsmechanik /79,80,105,106/ eine Reihe von
Vorschlägen zur Berücksichtigung mehrachsiger Belastungszustände gemacht worden. Das
gemeinsame Ziel dieser Bestrebungen ist es, den mehrachsigen Beanspruchungszustand mit
Hilfe einer einparametrigen Kenngröße zu beschreiben, die mit Werkstoffkennwerten aus dem
einachsigen Versuch zur Lebensdauerabschätzung korreliert werden kann.

In der Bruchmechanik steht zur Analyse von Oberflächenrissen der Vergleichsspannungs-
intensitätsfaktor ΔK_v und die Rißablenkung zur Verfügung; die Versagenskennwerte sind
durch das Rißwachstumsgesetz Gl.(4.3) und die Bruchzähigkeit K_{Ic} gegeben. Auf der Seite
der Ermüdungsmechanik werden im wesentlichen zwei Richtungen verfolgt, die die
mehrachsigen Beanspruchungsbedingungen in einem einparametrigen Vergleichsbean-
spruchungswert zusammenfassen und als Eingangsgröße für das Lebensdauerdiagramm
bereitstellen. Sie beschränken sich dabei entweder wieder auf den Kurzzeitermüdungsbereich
und die damit vorwiegend plastische zyklische Dehnung als verantwortlichem Schädigungsparameter oder sind lediglich wieder für den elastisch dominierten Langzeitermüdungsbereich
unter Heranziehung der lokalen zyklischen Spannungskomponenten anwendbar.

4.3.3.1 Der Bereich des plastisch dominierten Ermüdungsverhaltens

Ein brauchbares Kriterium, das bei gleichphasig mehrachsig schwingender Belastung für den
plastisch dominierten Ermüdungsbereich, d.h. den Kurzzeitermüdungsbereich (Low Cycle
Fatigue), anwendbar ist, wurde von *Sines* /79/ vorgeschlagen und beruht auf der zyklischen
Schreibweise der Oktaeder-Schubdehnung ϵ_{okt}. Ausgedrückt in der Schwingbreite der
vorliegenden Hauptdehnungskomponenten lautet das Kriterium der zyklischen Oktaeder-
Schubdehnung:

$$\Delta \epsilon_{oct} = \frac{\sqrt{(\Delta \epsilon_1 - \Delta \epsilon_2)^2 + (\Delta \epsilon_2 - \Delta \epsilon_3)^2 + (\Delta \epsilon_3 - \Delta \epsilon_1)^2}}{3} \qquad (4.10)$$

Der resultierende Wert der zyklischen Vergleichsdehnung kann direkt als einparametriger Beanspruchungskennwert des mehrachsigen Belastungsfalls für $\Delta \epsilon^t$ in die entwickelte Lebensdauerfunktion Gl.(4.9) eingesetzt werden.

Als erstes Berechnungsbeispiel soll nachfolgend der kritische Übergangsradius ($r = 1$mm) der analysierten Fließpreßmatrize herangezogen werden, **Bild 4.6**. Die Schwingbreite der Hauptdehnungskomponenten betragen im untersuchten Fall des Übergangsradius mit $r = 1$mm in axialer, radialer bzw. tangentialer Richtung 3,17%, -2,73% und 0,55%, wobei eine geringfügige Plastifizierung beobachtet wird.

Der auf den ersten Blick befremdende negative Wert der radialen Dehnungsamplitude soll das antizyklische d.h. gegenphasige Schwingungsverhalten der Hauptdehnungskomponenten $\Delta \epsilon_{11}$ und $\Delta \epsilon_{22}$ zum Ausdruck bringen, da sich bei jeder Belastungsumkehr entweder die betreffende Axialdehnungskomponente im Zugbereich und die Radialdehnungskomponente gleichzeitig im Druckbereich befindet oder umgekehrt. Die dadurch entgegengesetzt orientierte Schwingungsrichtung der beiden Belastungskomponenten bewirkt im Vergleich zum gleichsinnig schwingenden Belastungsfall, aufgrund der unterschiedlichen Anteile des Spannungsdeviators, einen veränderten Schädigungseinfluß. Bei alleiniger Angabe des Beanspruchungszustandes in Form der "neutralen" Amplitudenschreibweise $\Delta \epsilon$ ohne weitere Berücksichtigung der Schwingungsorientierung durch eine nachträgliche Vorzeichenwahl würde dieser Einfluß allerdings mit der obigen Gleichung nicht erfaßt werden können. Bild 4.9 verdeutlicht diesen Effekt anhand der zugeordneten Spannungsellipse der Oktaeder-Schubspannung für den zyklischen, zweiachsigen Belastungsfall, der in diesem Zusammenhang nachfolgend noch eingehender erläutert wird.

Mit Hilfe von Gleichung (4.10) berechnet sich die Vergleichsamplitude der elastisch-plastischen d.h. totalen Oberflächendehnung $\Delta \epsilon^t/2 = \Delta \epsilon_{okt}/2$ zu 1,21%. Die Lebensdauer-abschätzung unter Anwendung des einachsigen Ermüdungsdiagramms, bzw. auf numerischem Wege mittels der Lebensdauerfunktion Gl.(4.9), liefert hierzu einen Wert für die Anriß-lebensdauer von ca. 180 Lastzyklen, **Bild 4.8**. Diese Angabe stimmt bereits relativ gut mit experimentellen Befunden von *Reiss* überein /20/, obwohl für diese erste Abschätzung anstelle des ursprünglich dort verwendeten Kaltarbeitsstahl X155CrVMo121 (58-62 HRC) nur die etwas duktilere Kaltarbeitsstahlvariante 100Cr6 in der Vergütungsstufe 53HRC zugrundegelegt wurde /76/. Diese Modellbetrachtung ist in erster Näherung aber, in Anbetracht des sehr spröden Materialverhaltens beider Legierungen, unter Vorbehalt zulässig.

Eine vergleichbare Übereinstimmung von Simulation und Experiment konnte bei Beachtung der Schwingungsrichtung der Belastungskomponenten (Vorzeichenwahl!) auch für ein zweites Matrizenmodell mit einem Übergangsradius von r=2,5mm erzielt werden; hier beträgt die errechnete Lebensdauer bis zur Anrißbildung ca. 600 Lastzyklen. Die zugehörige graphische Dokumentation der beiden Simulationsergebnisse ist in **Bild 4.8** abgebildet.

Wird hingegen der oben erwähnte Effekt der gegensinnigen Schwingungsorientierung vernachlässigt, d.h. das Vorzeichen der Radialkomponente nicht negativ gesetzt, erhält man völlig veränderte Werte der zyklischen Oktaeder-Schubdehnung. Die Vergleichsdehnungsamplitude ist dann für den Fall des Übergangsradius mit r=1mm stark reduziert und erreicht nur noch ein Wert von 0,775%. Dieser entspricht jedoch, im Gegensatz zur vorangegangenen Abschätzung von ca. 180 Lastzyklen, einem Anstieg der Anrißlebensdauer auf ca. 2000 Lastzyklen. Dieser Wert allerdings liegt außerhalb des Streubereichs sämtlicher experimenteller Beobachtungen, so daß eine Vernachlässigung der gegenphasig schwingenden Beanspruchungskomponenten zu falschen Ergebnissen führt. Auf diesen Einfluß wurde auch bereits in experimentellen Arbeiten zur Untersuchung des Ermüdungsverhaltens mehrachsig schwingender Systeme nach *Simbürger* /105/ und *Issler* /106/ hingewiesen. Als Begründung dafür ist anzunehmen, daß bei der gleichsinnigen Belastung, im Vergleich zum gegensinnig schwingenden Belastungsfall, der deviatorische Dehnungsanteil abnimmt und die effektive Schädigung infolge einer geringeren zyklischen Plastifizierung absinken muß, vgl. **Bild 4.7**.

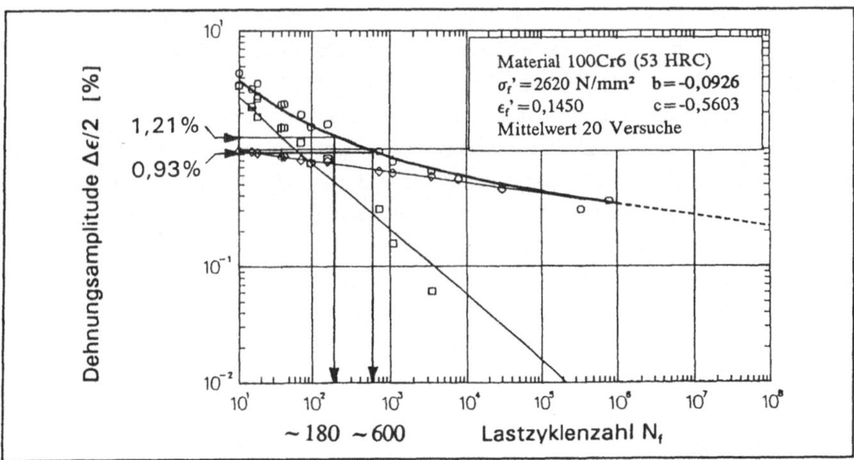

Bild 4.8:   Simulationsergebnisse der Anrißbildung am Übergangsradius einer Fließpreßmatrize unter Berücksichtigung der mehrachsigen Oberflächenbeanspruchung, a) r=1mm, Δε/2=1,21%; b) r=2,5mm, Δε/2=0,93% (Werkstoff 100Cr6 bzw. AISI 52100 bei 53HRC)

Der diskutierte Anwendungsfall, **Bild 4.8**, hat zu zeigen vermocht, daß es bei einem Ermüdungskriterium für mehrachsige Beanspruchungszustände nicht nur entscheidend ist, die Mehrachsigkeit ansich zu berücksichtigen, sondern vielmehr noch die Orientierung der Schwingungskomponenten und den damit verknüpften deviatorischen Spannungs-Dehnungs-zustand in die Berechnung mit einfließen zu lassen. Es genügt daher nicht nur einen zyklischen Vergleichsbeanspruchungsparameter zu bestimmen, sondern vielmehr einen effektiven Vergleichswert einzuführen, der die hydrostatischen Belastungsanteile un-gleichphasig schwingender Komponenten unberücksichtigt läßt.

4.3.3.2 Der Bereich des elastisch dominierten Ermüdungsverhaltens

Ohne Erwähnung bei den bisherigen Ausführungen blieb auch der Einfluß statischer Mittellasten auf das Ermüdungsverhalten. Da Fließpreßwerkzeuge in der Regel zur Vermeidung von axialen Gewaltbrüchen armiert sind, unterliegt der Werkzeugquerschnitt einer großen statischen Druckvorspannung. Nur für den Fall hoher plastischer Dehnungen kann die Mittelspannungskomponente σ_m durch Spannungsrelaxation abgebaut werden und hat keinen weiteren Einfluß; Gleichung (4.10) ist dann für die Bestimmung der Vergleichs-dehnungsamplitude weiterhin gültig. Im Langzeitermüdungsbereich (Low Cycle Fatigue) aber oder wenn das Ermüdungsversagen, wie im Fall der spröden Werkzeugwerkstoffe, bereits bei geringen zyklischen Plastifizierungen eintritt, hat die Mittelspannung einen bedeutenden Einfluß auf die erreichbare Lebensdauer. Der Mittelspannungseinfluß muß daher im Simulationsmodell unbedingt Berücksichtigung finden, vgl. Gl.(4.7).

Bei Zugmittelspannungen wird der negative Einfluß auf das Ermüdungsverhalten darauf zurückgeführt, daß statische Zugspannungsanteile mikroskopische Werkstofftrennungen oder die Öffnung von Mikrorissen unterstützen, während statische Druckvorspannungen dies verhindern und somit den Prozeß der Werkstoffschädigung verlangsamen. Beide Effekte werden durch experimentelle Untersuchungen allgemein bestätigt /81/ und finden in der klassischen Konstruktionslehre und den auf *Smith* zurückgehenden Dauerfestigkeitsschau-bildern zur Auslegung schwingend belasteter Bauteile Ausdruck in den unterschiedlichen Festigkeitswerten der Wechselfestigkeit σ_w und der Schwellfestigkeit σ_{sch} /102/, vgl. **Bild 5.3**.

Aus der Ermüdungsmechanik sind zur Berücksichtigung dieser Einflüsse zwei Ansatzmöglich-keiten bekannt. Sie versuchen den Mittelspannungseinfluß entweder durch Modifikation der aktuellen Beanspruchungskenngröße oder aber der materialspezifischen Ermüdungsparameter der Lebensdauerformel mit in die Berechnungen einfließen zu lassen.

Im ersten Fall wird nach einem Vorschlag von *Morrow* die Bruchfestigkeit σ_f' um den Betrag der Mittelspannung σ_m modifiziert, Gl.(4.11) /43/. Aufgebrachte Druckspannungen haben dabei, wie zu erwarten, einen verlängernden Einfluß und Zugspannungen im Gegensatz dazu einen verkürzenden Einfluß auf die erreichbare Lebensdauer bei einem vorgegebenen Lastniveau.

Die Schwierigkeit dieser Betrachtungsweise aber, bei Anwendung auf einen mehrachsigen Beanspruchungsfall, besteht nun darin, den Einfluß mehrerer Mittelspannungskomponenten mittels eines einzigen Parameters zu interpretieren. Der Ansatz bietet somit nur dann eine sinnvolle Lösung, falls der Schädigungseinfluß des mehrachsigen Beanspruchungszustands allein auf die dominierende Hauptbeanspruchungskomponente und deren Mittelspannungseinfluß zurückgeführt werden kann. Dies trifft vor allem, wie bereits erwähnt, auf sehr hartspröde Werkstoffe zu, deren Schädigungsverhalten gemäß der *Normalspannungshypothese* durch die größte Hauptspannungskomponente beschrieben werden kann /79,105/. Als Schädigungsmechanismus - der oft nur eine geringfügige Abhängigkeit von der Mehrachsigkeit und der Schwingungsorientierung der übrigen Belastungskomponenten aufweist, dafür aber eine sehr große Mittelspannungsempfindlichkeit zeigt - werden vornehmlich Mikrospaltbrüche oder das Aufbrechen eingelagerter Hartstoffphasen verantwortlich gemacht /24/.

Graphisch kann diese Festigkeitshypothese für den zweiachsigen Beanspruchungszustand anschaulich in Form der in **Bild 4.9a** idealisiert dargestellten linearen Versagensgrenzen interpretiert werden. Versagensbestimmend ist demnach allein die maximale lokale Hauptnormalspannung, wobei eine in dieser Richtung vorliegende statische Vorspannungskomponente - entsprechend ihrem Vorzeichen - einen Anstieg bzw. eine Abnahme der Beanspruchbarkeit N_{grenz} bewirkt. Die nachfolgende Gleichung Gl.(4.11) bringt diese Abhängigkeit von der Mittelspannung σ_m zum Ausdruck /79/, vgl. Gl.(4.6). Sie wurde in der angegebenen Form auf die äquivalente Formulierung der Hauptdehnungskomponente übertragen, für die die erforderlichen Ermüdungskennwerte aus dem dehnungskontrollierten Versuch zur Verfügung stehen:

$$2N_f = \left(\frac{\Delta e'_{max} \cdot E}{2 \cdot (\sigma'_f - \sigma_m)} \right)^{\frac{1}{b}} \tag{4.11}$$

Die in die Dehnungsformulierung übertragene Grundgleichung der Normalspannungshypothese wurde in der angegebenen Form zur Betrachtung des Ermüdungsverhaltens anhand der maximal wirkenden Oberflächendehnungskomponente in das Programmpaket implementiert und steht als Anwenderoption zur Verfügung.

Der zweite Fall zur Berücksichtigung der Mittelspannungseinflüsse bei mehrachsiger Beanspruchung geht von einer Modifizierung des Vergleichsbeanspruchungsparameters der Lebensdauergleichung aus. Unter Einbeziehung der aktuellen Mittelspannungskomponenten wird ein Effektivwert der zyklischen Beanspruchung gebildet, der als Eingangswert zur

Bestimmung der Grenzlastspielzahl herangezogen wird, Gl.(4.12). Ein Lösungsansatz der Ermüdungsmechanik stellt hierbei, in Anlehnung an die *Gestaltänderungsenergiehypothese* und Fließgesetzformulierung nach *v.Mises*, das Modell der Oktaeder-Schubspannung nach *Sines* dar /79,105/. Dieses Kriterium, das vornehmlich das Ermüdungsverhalten duktilerer Werkstoffe gut beschreibt, läßt sich rein formal durch Umformulierung der Gl.(4.10) aus der zugehörigen Dehnungsbeziehung ableiten. Wird davon ausgegangen, daß an einer Bauteiloberfläche eine der Hauptspannungskomponenten den Wert Null annimmt, kann das Versagenskriterium für den resultierenden zweiachsigen Belastungszustand graphisch in Form einer Ellipse dargestellt werden, **Bild 4.9b**. Aufgetragen ist hierbei die Schwingbreite der beiden Beanspruchungskomponenten $\Delta\sigma_1$, $\Delta\sigma_2$, wobei im ersten und dritten Quadranten (gleiches Vorzeichen) die Beanspruchung gleichphasig und im zweiten und vierten Quadranten (ungleiche Vorzeichen) im Gegensatz dazu gegenphasig erfolgt.

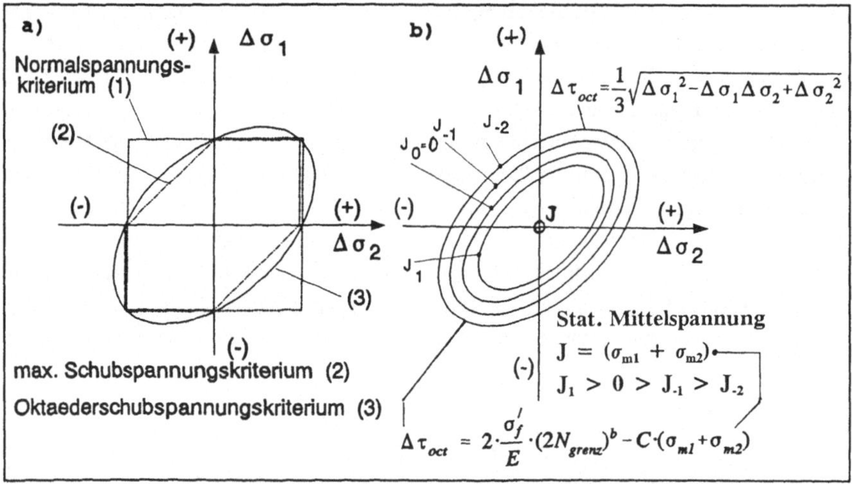

Bild 4.9:   Beanspruchbarkeit von Körpern bei zweiachsig zyklischer Belastung in Abhängigkeit der überlagerten statischen Vorspannung nach a) der Normalspannungshypothese und b) dem Kriterium der Oktaeder-Schubspannung

In Abhängigkeit von dem betrachteten Werkstoff und seinen Materialeigenschaften verkörpert die Kurve der Ellipse die Versagens- bzw. Beanspruchungsgrenze in bezug auf eine festgelegte Mindestlebensdauer N_{grenz}. Die Kurvenpunkte beschreiben somit die maximal zulässige Belastungskombination der beiden schwingenden Spannungskomponenten $\Delta\sigma_1$, $\Delta\sigma_2$. Jeder Spannungszustand im Inneren der Ellipse - wobei die "Vorzeichen" für eine gleichphasige oder eine gegenphasige Schwingungsrichtung stehen - entspricht mit Blick auf die zu erreichende Mindestlebensdauer somit einer konservativen Bauteilauslegung, während jeder Zustandspunkt außerhalb davon zum vorzeitigen Versagen führen muß. Die Versagensgrenze wird in Abhängigkeit der beiden Belastungskomponenten durch folgende Beziehung beschrieben:

$$\Delta \tau_{oct} = \frac{1}{3}\sqrt{\Delta \sigma_1{}^2 - \Delta \sigma_1 \Delta \sigma_2 + \Delta \sigma_2{}^2} = 2 \cdot \frac{\sigma_f'}{E} \cdot (2N_{grenz})^b \qquad (4.12a)$$

Zur Berücksichtigung von möglichen, in Normalspannungsrichtung wirkenden statischen Mittelspannungskomponenten σ_{m1} und σ_{m2} zieht das Kriterium einen Mittelspannungsterm J heran, der sich durch Addition der beiden statischen Komponenten $(\sigma_{m1} + \sigma_{m2})$ ergibt. Die Anpassung des gemeinsamen Mittelspannungseinflusses an das reale Materialverhalten, d.h. die sog. Mittelspannungsempfindlichkeit, wird dabei durch einen Werkstoffparameter C vorgenommen /79,80/. Die zulässige Oktaeder-Schubspannung ergibt sich demnach für eine geforderte Mindestlebensdauer wie folgt:

$$\Delta \tau_{oct} = 2 \cdot \frac{\sigma_f'}{E} \cdot (2N_{grenz})^b - C \cdot (\sigma_{m1} + \sigma_{m2}) \qquad (4.12b)$$

Zur Darstellung im Diagramm wird der Mittelspannungseinfluß gedanklich senkrecht über den zyklischen Belastungskomponenten aufgetragen. Die sich ergebenden unterschiedlichen Grenzbelastungskurven bei verschiedenen Mittelspannungszuständen werden nachfolgend in die Darstellungsebene projiziert. Die ineinandergeschachtelten konzentrischen Ellipsenringe dokumentieren somit stellvertretend den Einfluß der Mittelspannungskomponenten σ_{m1} und σ_{m2} auf die erreichbare Lebensdauer bzw. die zu beobachtende Schädigungsrate, **Bild 4.9b**.

Statische Lasten mit einem positiven Vorzeichen (J_1), d.h. Zugmittelspannungen, verkürzen die Lebensdauer bzw. verringern die zulässige Beanspruchung bei einer geforderten Mindestlebensdauer; die Versagensgrenze in Form der Ellipse wird dadurch zunehmend kleiner. Bei Druckmittelspannungen (J_{-1}, J_{-2}) hingegen ist ein positiver Einfluß auf die Lebenserwartung des Bauteils zu beobachten. Die zulässige Beanspruchung für die gewählte Mindestlebensdauer und mit ihr die Ellipsenform nimmt zu.

Die geneigte Lage der Ellipse verdeutlicht darüberhinaus, daß die Beanspruchbarkeit und Lebensdauer stark von dem sich einstellenden deviatorischen Spannungs-Dehnungszustand und dem damit assoziierten Plastifizierungsgrad auch bei makroskopisch elastischer Beanspruchung abhängt. Dieser Aspekt wurde bereits im Zusammenhang mit der Anriß-lebensdauerabschätzung des Fließpreßmatrizenmodells angesprochen, vgl. **Bild 4.8**.

Sinkt der deviatorische Belastungsanteil als Folge einer gleichsinnig schwingenden Belastung ab, wird gemäß plastizitätstheoretischer Grundüberlegungen die lokale Plastifizierung erschwert; bei größerer deviatorischer Beanspruchung im gegensinnigen Belastungsfall ist hingegen mit einer stärkeren zyklischen Plastifizierung zu rechnen. Wird der Schädigungsmechanismus bei der Materialermüdung durch makroskopische wie auch mikroskopische Werkstoffplastifizierung gesteuert, hat dies für das zweiachsig schwingende System des betrachteten Modellfalls folgende Konsequenzen, **Bild 4.9b**:

> Eine gleichsinnig zyklische Beanspruchung bewirkt einen kleinen deviatorischen Spannungs-Dehnungsanteil mit entsprechend geringerer Plastifizierungs- und Schädigungsrate, während der gegensinnige Belastungszustand, aufgrund der entgegengesetzten "Vorzeichen" der schwingenden Spannungs-Dehnungskomponenten, einen weitaus größeren deviatorischen Zustand aufweist, so daß die lokale Plastifizierung und Werkstoffermüdung entsprechend größer ist.

Anhand der abgebildeten Graphik, **Bild 4.9b**, ist der beschriebene Effekt einfach nachzuvollziehen. Er ist für die Entwicklung eines erweiterten Schädigungsmodells für Werkstoffe bei möglicher zyklischer Oberflächenplastifizierung, wie z.B. im Falle von Warmarbeitsstählen bei Schmiedewerkzeugen, von elementarer Bedeutung.

Der entscheidende Nachteil der vorgestellten mehrachsigen Lösungsansätze sowie einer Vielzahl weiterer vergleichbarer Konzepte ist allerdings darin zu sehen, daß ihre Anwendbarkeit aufgrund einer sehr problemorientierten Formulierung nur auf eine eng begrenzte Variationsbreite möglicher Belastungsfälle beschränkt bleibt. Davon abweichende Belastungszustände führen vielfach bereits zu unbefriedigenden Ergebnissen /80/. Im vorliegenden Fall von Gl.(4.12) beispielsweise würde sich der Einfluß einer gleichgroßen Druck- und Zugvorspannung σ_{m1} und σ_{m2} exakt aufheben oder es wären die Einflüsse einer Vorspannungskomponente in Richtung der größten Belastungskomponente sowie senkrecht dazu theoretisch genau gleich groß. Beide Modellannahmen werden aber durch experimentelle Ergebnisse widerlegt /80,105/.

Eine der größten Unsicherheiten stellen ferner die unterschiedlichen deviatorischen Spannungs-Dehnungszustände ungleich mehrachsig schwingender Systeme dar. Ungeachtet der variierenden hydrostatischen Anteile, die nicht zur zyklischen Plastifizierung und somit auch nicht zur Ermüdung beitragen und sich als Folge gegensinnig schwingender Belastungskomponenten ergeben, werden die resultierenden Vergleichsbeanspruchungsparameter jedoch in jedem Fall mit dem gleichen einachsigen Ermüdungsdiagrammen korreliert, was natürlich zu falschen Ergebnissen führen muß. Derartige Modellansätze sind daher für eine universelle Simulationssoftware nicht geeignet und bedürfen einer angemessenen Erweiterung. Sie haben sich auch bei anfänglichen Versagensuntersuchungen an Fließpreßmatrizen nicht vollständig bewähren können.

4.3.4 Die Methode der lokalen Oberflächenenergiedichte

Eine neue Beschreibungsmöglichkeit bietet sich in diesem Zusammenhang durch die Anwendung des *lokalen Energiedichtekriteriums* an. Die Grundidee dieses energiebezogenen Versagenskonzeptes wurde während der letzten Jahre in verschiedenen Publikationen erstmalig von *Smith, Watson & Topper* /82/, nachfolgend von *Haibach & Lehrke* /83/, *Golos & Ellyin* /84/ und anderen Arbeiten /75/ aufgegriffen und schrittweise verbessert.

In Analogie zu den bisher bekannten Schädigungsmodellen wird bei diesem Modell, anstelle der getrennten Betrachtung der Spannungs- bzw. Dehnungsamplituden an der untersuchten Bauteiloberfläche, die zyklische totale Verzerrungsenergiedichte $\Delta W'$ als Schädigungsparameter herangezogen. Sie ergibt sich mathematisch aus einer Produktformulierung der zyklischen Spannungs- und Dehnungswerte der betrachteten Belastungskomponenten und stellt ein Maß für die pro Belastungszyklus vom Material makro- bzw. mikroskopisch dissipierte Schädigungsenergie dar. Dieser kontinuierliche, irreversible Energieeintrag führt dann, wie bereits erläutert, infolge akkumulierter Materialschädigung zum Versagen und kann aus geeigneten Lebensdauerdiagrammen mit der ertragbaren Grenzlastspielzahl N_f korreliert werden, vgl. **Bild 5.4, Bild 5.5.**

Über positive Ergebnisse diese Konzepts wurde bereits in einer Reihe von Arbeiten berichtet /81-85/. Mit Blick auf die weitere FE-Anwendung verspricht diese Verfahren darüberhinaus sich zu einer zuverlässigen Methode der numerischen Beschreibung der Ermüdungsrißbildung zu entwickeln /71,86/. Das generelle Problem jedoch, d.h. die Einschränkung auf den einachsigen Ermüdungsfall sowie den vornehmlich plastisch dominierten Bereich des *'low cycle fatigue'*, konnte auch durch diese Ansätze bisher noch nicht überwunden werden.

Das Ziel der folgenden Ausführungen soll es daher sein, aufbauend auf diesem Ansatz die Grundlagen eines weiterentwickelten mehrachsigen Energiedichtekonzepts und seiner numerischen Realisierung vorzustellen. Es soll zur Vorhersage des Ermüdungsverhaltens der Normalspannungshypothese als alternatives Versagenskriterium zur Seite gestellt werden. Aufgrund der vorrangigen Bedeutung des Oberflächenversagens bei der Werkzeugüberprüfung soll das Konzept beim derzeitigen Entwicklungsstand vorerst auf den Bereich der Werkzeugoberfläche beschränkt bleiben. Hiermit ist unter anderem gewährleistet, daß die dort ermittelten zyklischen Beanspruchungsdaten noch direkt aus den FE-Ergebnissen ohne Umrechnung wie im Rißspitzenfall zugänglich sind. Bei entsprechender Interpretation des Rißspitzennahfeldes besteht darüberhinaus gegebenenfalls auch die Möglichkeit, das Energiedichtekonzept auf die Simulation der Rißausbreitung anzuwenden. Erste Ansätze zur energiedichtebezogenen Auswertung des Rißspitzennahfeldes, ausgehend von der analytischen Beschreibung der Spannungs-Dehnungsverteilung der Rißspitzenumgebung gemäß der Definition des sog. K-Feldes bzw. des sog. HRR-Feldes, sind in /87-89/ gegeben.

5. Entwicklung eines energetischen Versagenskriteriums zur Simulation der Ermüdungsrißeinleitung

5.1 Grundüberlegungen

Infolge zyklischer elastisch-plastischer Verformungen erfährt ein schwingend beanspruchter Körper eine kontinuierliche Werkstoffschädigung, die aufgrund einer allmählichen Schadensakkumulation zum makroskopisch beobachteten Materialversagen führt. Als Ursache des Schädigungsprozesses soll für die folgende Modellvorstellung die pro Belastungszyklus umgesetzte elastisch-plastische Verformungsenergie, ausgedrückt durch die totale zyklische Verzerrungsenergiedichte ΔW^t, angesehen werden. Die Amplitude der totalen Verzerrungsenergiedichte ΔW^t stellt demnach ein Maß für die lokal vorliegende Materialbeanspruchung und daraus resultierende Schädigungsrate sowie die maximal erreichbare Grenzlastspielzahl (Lebensdauer) bis zum Eintritt des Bauteilversagens dar /84/.

Der Grundgedanke eines energiedichtebezogenen Versagenskonzeptes ist es nun, ähnlich den bisherigen Ansätzen, die ermittelte Beanspruchungskennzahl ΔW^t mit der zugehörigen Lebensdauer oder Grenzlastspielzahl $2N_f$ gemäß der nachstehenden Beziehung zu korrelieren:

$$\log(\Delta W^t) = g(log2N_f) \qquad (5.1)$$

Für die numerische Lebensdauerabschätzung empfiehlt sich jedoch folgende Formulierung:

$$2N_f = f(\Delta W^t) \qquad (5.2)$$

Die Lösung dieser Lebensdauergleichung setzt zunächst vier Grundanforderungen voraus, die zugleich auch die wesentlichen Entwicklungsschritte des Versagenskonzeptes charakterisieren:

- 1) Zur Verwendung der FE-Ergebnisse der Werkzeuganalyse, als Eingangsgrößen der numerischen Lebensdauerberechnung, muß zuerst eine geeignete mathematische Formulierung eines einparametrigen, skalaren Versagensparameter ΔW^t für den mehrachsigen Beanspruchungsfall gefunden werden.

- 2) Das Fehlen experimenteller Ergebnisdaten über das Ermüdungsverhalten auf der Basis der zyklischen Verzerrungsenergiedichte macht es als zweites erforderlich, die benötigten energiebezogenen Lebensdauerkennwerte aus bestehenden dehnungskontrollierten Zeitstandversuchen synthetisch zu konstruieren, d.h. die zugehörigen Diagramme für den neuen Versagensansatz zu übertragen.

- 3) Das resultierende, energiebezogene Ermüdungsverhalten ist als drittes der Simulationssoftware in einer geschlossenen mathematischen Formulierung $g(log2N_f)$

für den gesamten Kurz- und Langzeitermüdungsbereich zur Verfügung zu stellen.

■ 4) Soll das Konzept auf den mehrachsigen Beanspruchungsfall Anwendung finden, müssen die aus dem einachsigen Versuch abgeleiteten Lebensdauerdiagramme abschließend noch in geeigneter Weise angepaßt und korrigiert werden.

Bei der Idealisierung des Schädigungsverhaltens unter mehrachsiger Bauteilbeanspruchung sollten darüberhinaus folgende Randbedingungen ausreichend berücksichtigt werden:

■ Einfluß gleichsinnig und gegensinnig schwingender Belastungskomponenten

■ Auswirkung statisch überlagerter Druck- und Zugspannungskomponenten

■ Werkstoffschädigung durch zyklische Druckbeanspruchung

■ Auftreten zyklischer Schubspannungskomponenten

■ Auftreten von Kontaktnormal- bzw. -schubspannungen an der Werkzeugoberfläche

■ uneingeschränkte Anwendung auf den gesamten Kurz- und Langzeitermüdungsbereich

■ Übertragbarkeit einachsig ermittelter Werkstoffkennwerte auf mehrachsige Beanspruchungszustände

■ Konsistenz mit bestehenden Ansätzen der Ermüdungs- und Schädigungsmechanik sowie experimentellen Untersuchungsergebnissen.

Hierzu wurden folgende Einschränkungen und Annahmen den nachfolgenden Überlegungen der Modellbeschreibung des Schädigungskonzeptes zugrundegelegt:

■ Die Anwendung des Modells bleibt zunächst auf den speziellen 3-D-Fall der Rotationssymmetrie beschränkt.

■ Die für die FE-Analyse zugrundegelegten Betriebsbelastungen setzen ein einstufig schwingendes Belastungsschema voraus, das prozeßbedingte und stochastische verteilte Überlastpeaks oder Belastungsschwankungen nicht berücksichtigt.

■ Die ermittelten Oberflächenbeanspruchungen werden in lokale Oberflächenkoordinaten transformiert, wodurch in erster Näherung ein Hauptachsensystem vorliegt.

■ Mehrachsige Beanspruchungen weisen aufgrund der Werkzeugbelastung entweder genau gleichphasig oder genau gegenphasig schwingende Belastungskomponenten auf.

■ Die Rißinitiierung erfolgt senkrecht zur größten Oberflächenzugspannung.

■ Thermisch bedingtes Kriechen wird vorerst nicht betrachtet; der Einfluß von Temperatureigenspannungen aber sollte über das FE-Modell mit berücksichtigt werden.

■ Die Werkstoffe zeigen isotropes und bis zur Plastifizierung linear elastisches Verhalten, wobei nur kleine zyklisch-plastische Verformungen erwartet werden.

■ Zyklische Entfestigungs- oder Verfestigungsvorgänge, die mit steigender Lastwechselzahl bei realen Werkstoffen beobachtet werden, werden bei der FE-Beanspruchungsanalyse des zyklischen Bauteilverhaltens vorerst nicht berücksichtigt.

Dieser Punkt, der in der Praxis oft vernachlässigt wird, hat jedoch einen großen Einfluß auf die Ergebnisgenauigkeit und verdient daher einer genaueren Betrachtung.

Zur Analyse des zyklischen Spannungs-Dehnungsverhaltens eines Bauteils muß ein kompletter Belastungsdurchgang betrachtet werden. Aus Gründen der Berechnungszeit wird die Analyse dazu im allgemeinen auf eine statische Berechnung des maximalen und minimalen Belastungszustandes reduziert und die Ergebnisse eines einzelnen Belastungszyklus dann auf eine n-fache Lastwiederholung extrapoliert. Bei dieser Vorgehensweise werden jedoch mögliche Ent- oder Verfestigungsvorgänge des Materials bei langfristiger Schwingbeanspruchung, die ein verändertes Spannungs-Dehnungsverhalten des Werkstoffs bei zyklischer Dauerbelastung bewirken können, nicht berücksichtigt, **Bild 5.1a**. Das dabei im eingeschwungenen, stabilisierten Zustand gezeigte sog. zyklische Materialverhalten wird üblicherweise mit Hilfe der zyklischen Spannungs-Dehnungskurve und der zyklischen Streckgrenze $R_{p0,2}'$ sowie dem zyklischen Verfestigungsexponenten n' angegeben, **Bild 5.1b** /104/.

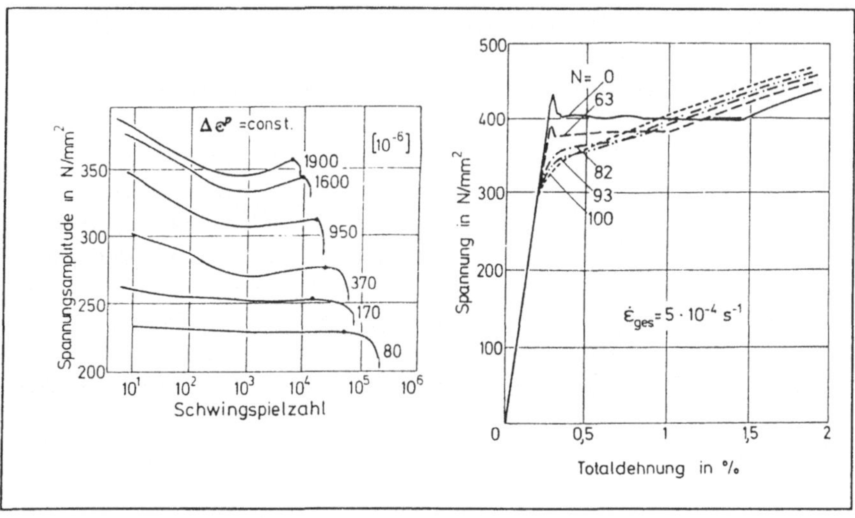

Bild 5.1:   Auswirkung der Materialentfestigung bei zyklischer Langzeitbeanspruchung auf (a) die Spannungsamplitude im dehnungskontrollierten Ermüdungsversuch und (b) die Verfestigungskurve im Spannungs-Dehnungsdiagramm am Beispiel des Werkstoffs Ck45 /104/.

Die Bauteilbeanspruchung, die für den ersten Belastungszyklus stellvertretend berechnete wurde, kann somit bei Vorgabe einer statischen FE-Materialgesetzdefinition gegebenenfalls eine große Ergebnisunsicherheit für die weitere Betrachtung des Ermüdungsverhaltens beinhalten. Zur Vermeidung dieser Fehlerquelle des FE-Modells - die nicht auf das eigentliche Versagenskriterium zurückzuführen ist - kann daher streng genommen nur die sehr zeitintensive n-fache Berechnung einer größeren Anzahl von Belastungszyklen unter Berücksichtigung der jeweiligen Ent- oder Verfestigungsmechanismen empfohlen werden /103/. Eine denkbare Alternative besteht jedoch auch darin, das bisherige Berechnungsprinzip beizubehalten und das statische durch das zyklische Materialverhalten in der FE-Stoffgesetzdefinition zu ersetzen.

Erste im Umfeld der Arbeit zu dieser Problemstellung durchgeführte Untersuchungen haben aber zu zeigen vermocht, daß dieser Effekt in erster Näherung unberücksichtigt bleiben kann, da er kaum einen Einfluß auf die die Verformung steuernde Verzerrungsenergiedichte hat vgl. Bild 6.2. Da in der vorliegenden Arbeit nicht immer die entsprechenden zyklischen Materialparameter zur Verfügung standen, konnte deshalb vielfach auch auf eine vereinfachte Analyse mit statischer Materialgesetzdefinition zurückgegriffen werden.

5.2 Mechanisches Modell und mathematische Formulierung

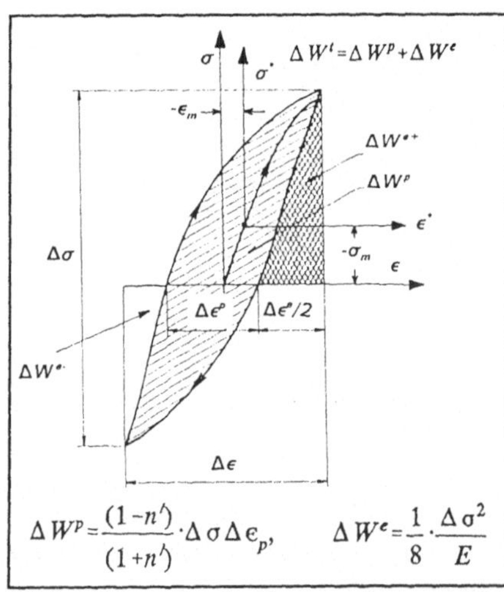

Bild 5.2: Beschreibung der stabilen Spannungs-Dehnungs-Hystereseschleife

Ein zyklisch beanspruchter Körper unterliegt während eines Belastungszyklus in Abhängigkeit von der äußeren Belastungsamplitude einer mehr oder minder großen elastisch-plastischen Wechselverformung. Die hierbei erfahrene zyklische Plastifizierung bewirkt eine kontinuierliche Werkstoffschädigung. Die während des Belastungszyklus vom Körper irreversibel dissipierte plastische Verzerrungsenergiedichte steht damit direkt im Zusammenhang mit der beobachteten Schädigungsrate des Materials und kann als versagensrelevanter Schädigungsparameter herangezogen werden /107/. Wird die Deformationsgeschichte eines Lastzyklus im Spannungs-Dehnungsraum für den einachsigen Fall aufgezeichnet, entspricht der dissipierte Energiebetrag graphisch interpretiert der eingeschlossenen Fläche der Hysteresekurve und wird im folgenden als zyklische plastische Verzerrungsenergiedichte ΔW^{p} bezeichnet, **Bild 5.2.**

Im Gegensatz dazu wird die gespeicherte elastische Verformungsenergie im Druck- bzw. Zugbereich bei Entlastung wieder freigesetzt. Sie entspricht in der graphischen Darstellung der Dreiecksfläche unter der linearen elastischen Geraden. Bei metallischen Werkstoffen wird jedoch trotz des makroskopisch elastischen Werkstoffverhaltens bei Überschreiten der Dauerfestigkeit eine allmähliche Werkstoffschädigung und Materialermüdung beobachtet, die nach längeren Belastungsdauern zum Versagen führt. Die hierfür verantwortlichen Mechanismen der Mikroschädigung wurden bereits in Kap.4.3.3.2 kurz angesprochen. Somit stellt auch der elastisch reversibel Energieanteil der Hysteresekurve ein indirektes Maß für die mikroskopische Werkstoffschädigung pro Belastungszyklus dar und wird im folgenden als zyklische elastische Verzerrungsenergiedichte ΔW^e bezeichnet, **Bild 5.2**.

Mathematisch kann die totale Verzerrungsenergiedichte ΔW^t des einachsigen Spannungs-Dehnungszustands, bestehend aus einem elastischen und einem plastischen Anteil, vereinfacht als Integralausdruck der zeitlichen Spannungs-Dehnungsänderung pro Belastungszyklus mit der Einheit [N/mm²] in der folgenden Form angeben werden:

$$\Delta W^t = \int_{-\Delta \epsilon^t/2}^{+\Delta \epsilon^t/2} \sigma \, d\epsilon^t = \int_{-\Delta \epsilon^p/2}^{+\Delta \epsilon^p/2} \sigma \, d\epsilon^p + \int_{-\Delta \epsilon^e/2}^{+\Delta \epsilon^e/2} \sigma \, d\epsilon^e = \Delta W^p + \Delta W^e \qquad (5.3)$$

wobei σ die lokale Spannungsbelastung und $\Delta \epsilon^t/2$, $\Delta \epsilon^p/2$ bzw. $\Delta \epsilon^e/2$ die zugehörige Amplitude der totalen, der plastischen bzw. der elastischen Dehnungskomponente als Integrationsgrenze darstellt. Die Auflösung des Integrals der plastischen Verzerrungs-energiedichte ΔW^p (Gl.(5.3)) /107/ liefert unter Berücksichtigung des zyklischen Verfestigungsexponenten n' die bekannte *Halford-Morrow* Formel /85,86/:

$$\Delta W^p = \frac{(1-n')}{(1+n')} \Delta \sigma \Delta \epsilon^p \qquad (5.4)$$

Bei der Berechnung der elastischen Verzerrungsenergiedichte ΔW^e (Gl.(5.3)) wird per Definition der Schädigungseinfluß der Druck- und der Zugspannungsamplitude einer schwingenden Wechselbeanspruchung nur durch den zugelastischen Anteil ausgedrückt. Übertragen auf die graphische Darstellung in **Bild 5.2** ist hierunter die schraffierte Fläche der zugelastischen Verzerrungsenergiedichte ΔW^{e+} zu verstehen.

Die Auflösung des zugehörigen Integralausdrucks schließlich, unter Berücksichtung der nun halben Spannungs- bzw. Dehnungsschwingbreite, liefert für ΔW^{e+}:

$$\Delta W^{e+} = \frac{1}{2}\left(\frac{\Delta \sigma}{2} \cdot \frac{\Delta \epsilon^e}{2}\right) = \frac{1}{8}\frac{\Delta \sigma^2}{E} \qquad (5.5)$$

ΔW^{e+} steht somit für die pro Belastungszyklus maximal umgesetzte elastische Energie unter Zugbelastung als Maß der Materialbeanspruchung.

Diese Vorgehensweise ist - da die elastische Verzerrungsenergiedichte wie berichtet ein Maß für die mikroskopische Schädigung darstellt - allerdings nur solange gültig, wie die schwingende Belastung eine gleichgroße Druck- und Zugspannungsamplitude aufweist, d.h. die Hystereseschleife sich symmetrisch zur Nullage befindet. Wird das Amplitudenverhältnis hingegen durch eine überlagerte Mittelspannung in Richtung einer schwellenden Belastung verschoben und damit auch die Lage der Hysteresekurve verändert, muß der statische Mittelspannungseinfluß - und mit ihm auch der veränderte Zug- bzw. Druckspannungseinfluß - separat mit in die Berechnung einfließen, vgl. (Gl.4.6 und 4.11).

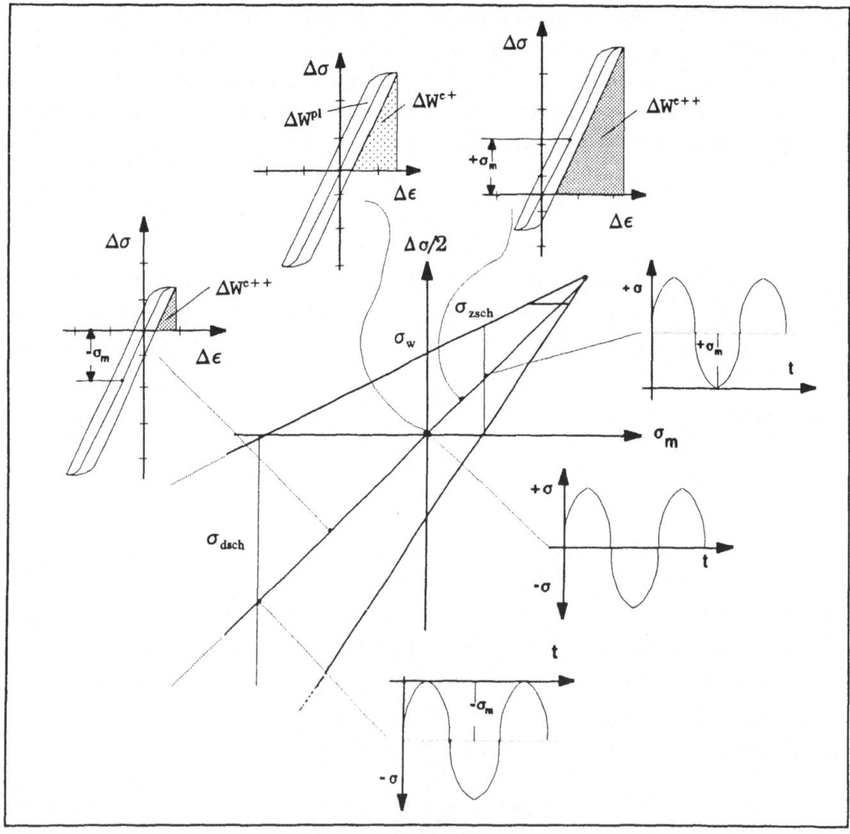

Bild 5.3: Einfluß von Druck- und Zugvorspannung auf die zyklische Hysteresekurve und elastische Verzerrungsenergiedichte ΔW^{e+} sowie die ertragbare Schwingfestigkeit σ_a in Abhängigkeit von der Mittelspannung σ_m

Ausgedrückt in der Mittelspannung σ_m bzw. der Mitteldehnung ϵ_m, bewirket eine überlagerte statische Vorspannung, je nach der Art der statischen Lastkomponente, eine Verschiebung der Hystereseschleife aus der symmetrischen Nullage in den Druck- bzw. Zugbereich. Das neue Bezugssystem σ^*,ϵ^* wandert bei Druckvorspannung daher nach unten und im umgekehrten Fall der Zugvorspannung nach oben. Als Konsequenz nimmt die betrachtete Fläche unter der zugelastischen Geraden und damit die maximale zugelastische Materialbeanspruchung in Form der sog. modifizierten elastischen Verzerrungsenergiedichte ΔW^{e++} um einen bestimmten Betrag der statischen Mittelspannungsenergiedichte W^m zu oder ab. Zugvorspannungen begünstigen demzufolge eine Zunahme von ΔW^{e++} um den in den Zugspannungsbereich verschobenen Anteil der Druckamplitude; sie erhöhen die zyklische Materialbeanspruchung unter Zug und haben einen negativen Einfluß auf die Lebensdauer. Bei Druckvorspannungen wird die Fläche unter der betrachteten Kurve verkleinert, so daß der Schädigungseinfluß dementsprechend abnehmen muß. **Bild 5.3** zeigt diese Situation für den Fall der Zugschwellbelastung (I) mit $\sigma_m = +\Delta\sigma/2$ und den Fall der Druckschwellbelastung (III) mit $\sigma_m = -\sigma/2$ im Vergleich zur mittelspannungsfreien Wechselbelastung (II) mit $\sigma_m = 0$.

Es ist nun die Aufgabe eines geeigneten Modells, den graphisch anschaulichen Einfluß der Mittelspannung auf die Verzerrungsenergiedichte und damit die Materialermüdung mathematisch für die Versagenssimulation zu beschreiben und an das reale, aus dem Versuch bekannte Schädigungsverhalten anzupassen.

Anhand des aus der Praxis bekannten Dauerfestigkeitsdiagramms ist in diesem Zusammenhang zu erkennen, daß die ertragbare Spannungsamplitude σ_a tatsächlich von der Mittelspannung beeinflußt wird /102/. Mit steigender Zugmittelspannung nimmt die Schwingfestigkeit σ_a im Vergleich zur ursprünglichen Beanspruchbarkeit σ_e deutlich ab. Bei zunehmender Druckvorspannung ist der umgekehrte Effekt zu verzeichnen; die Schwingfestigkeit und damit die Beanspruchbarkeit des Bauteils steigen an. Ein bekannter Ansatz zur Formulierung dieser Gesetzmäßigkeit geht auf *Goodman* zurück /43/ und betrachtet die veränderte Beanspruchbarkeit σ_a des Materials - ausgehend von σ_e bei $\sigma_m = 0$ - als lineare Funktion der aktuellen Mittelspannungsbelastung σ_m und der Zugfestigkeit R_m des Materials:

$$\sigma_a = \sigma_e \cdot \left(1 - \frac{\sigma_m}{R_m}\right) \quad \rightarrow \quad \frac{\sigma_a}{\sigma_e} = 1 - \frac{\sigma_m}{R_m} \qquad (5.6)$$

Für den Fall der Dauerfestigkeitsgrenze mit $\sigma_e = \sigma_w$ (=Wechselfestigkeit) entspricht die ertragbare Lastamplitude bei Druckspannung ($\sigma_m = -\sigma_e$) der erhöhten Druckschwellfestigkeit $\sigma_{dsch}/2$, bei Zugspannung ($\sigma_m = +\sigma_e$) der verringerten Zugschwellfestigkeit $\sigma_{zsch}/2$ /102/.

Ein in der Literatur zu findender Ansatz beschreibt nun ΔW^{e++} mit Hilfe der modifizierten Spannungs- bzw. Dehnungsamplitude unter separater Betrachtung der statischen Mittelspannungs- bzw. Mitteldehnungskomponente /85,91/:

$$\Delta W^{e^{++}} = \frac{1}{2}\left(\frac{\Delta\sigma}{2}+\sigma_m\right)\cdot\left(\frac{\Delta\epsilon}{2}+\epsilon_m\right) \qquad (5.7a)$$

Nach Ausmultiplizieren und Zusammenfassen der Mittelspannungsglieder ergibt sich die modifizierte elastische Verzerrungsenergiedichte demnach aus der zyklischen zugelastischen Verzerrungsenergiedichte ΔW^{e+} und einem Anteil der statischen elastischen Mittelspannungsenergiedichte W^m, vgl. Gl.(5.7b). Definitionsgemäß werden für den im folgenden entwickelten Ansatz allerdings nur der reine Mittelspannungsterm $\sigma_m\cdot\epsilon_m$ betrachtet und die gemischten Glieder vernachlässigt. Dieser Schritt ist zulässig, da die Mittelspannungsenergiedichte W^m nur als relative Größe des Mittelspannungseinflusses auf das Ermüdungsverhalten zu werten ist und in jedem Fall durch einen geeigneten Korrekturfaktor an das reale Materialverhalten angepaßt werden muß. Die modifizierte elastische Verzerrungsenergiedichte läßt sich somit durch den folgenden, vereinfachten Ansatz formulieren, wobei W^m definitionsgemäß negativ für Druck- und positiv für Zugspannungseinfluß wird:

$$\Delta W^{e^{++}} = \Delta W^{e^+} \pm W^m = \frac{1}{8}\Delta\sigma\cdot\Delta\epsilon \pm \frac{1}{2}(\sigma_m\cdot\epsilon_m) \qquad (5.7b)$$

In der angegebenen Form ist Gl.(5.7b) allerdings, wie bereits angedeutet, noch nicht völlig ausreichend, da bei reiner Druckschwellbeanspruchung mit $\sigma_m=-\Delta\sigma/2$ theoretisch keine Materialermüdungs mehr zu beobachten wäre ($\Delta W^{e+} = -W^m$), während sich bei einer Zugschwellbeanspruchung mit $\sigma_m=+\Delta\sigma/2$ die Schädigungsrate verdoppeln und die Schwellfestigkeit somit halbieren würde ($\Delta W^{e+} = +W^m$). Experimentelle Versuchsergebnisse können dies aber nicht bestätigen /80/ und zeigen für den Zugschwellbereich ein Festigkeitsverhältnis $\sigma_w/(\sigma_{sch}/2)$ von 1,3-1,5 für einfache Baustähle, von 1,5-1,7 für legierte bzw. vergütete Stähle und bis 1,8 für hartspröde Stähle bzw. Gußwerkstoffe /102/. Hierbei gilt es zu beachten, daß die Schwellfestigkeit σ_{sch} im Gegensatz zur Wechselfestigkeit σ_w der doppelten Amplitude σ_a entspricht. Die Mittelspannungsempfindlichkeit steigt demnach stark mit der Sprödigkeit des Materials an, während sie bei duktilen Materialien nicht so ausgeprägt ist /102,106/. Statische Lasteinflüsse werden daher in der vorliegenden Formulierung der Gleichung (5.7b) falsch bewertet und müssen an die vom Werkstoff gezeigte reale Mittelspannungsempfindlichkeit durch Korrektur des Terms W^m angepaßt werden. Als Korrekturfaktor bietet sich hierbei der Wert C als Quotient der Wechselfestigkeit σ_w und der Schwellfestigkeit $\sigma_{sch}/2$ an, der aufgrund der Produktformulierung der Energiedichte als Quadrat in die korrigierte Gleichung einfließen muß: (5.7c)

$$\Delta W^{e^{++}} = \Delta W^{e^+} \pm C^2\cdot W^m = \frac{1}{8}\Delta\sigma\cdot\Delta\epsilon \pm \frac{1}{2}\cdot\left(\frac{\sigma_w}{\sigma_{sch}/2}\right)^2\cdot(\sigma_m\cdot\epsilon_m)$$

Dieser Korrekturfaktor genügt in der vorgeschlagenen Form allerdings noch nicht den Anforderungen und kann den ermittelten Mittelspannungsterm nicht an die reale materialspezifische Mittelspannungsempfindlichkeit anpassen. Zur Normierung der Ansatzfunktion auf den Korrekturwert Null muß vielmehr die Formulierung *(1-C²)* gewählt werden. Sie gewährleistet, daß der Mittelspannungseinfluß bei der Berechnung der effektiven Verzerrungsenergiedichte verschwindet, falls der Werkstoff keine Mittelspannungsempfindlichkeit aufweist. Dies trifft theoretisch für den Fall zu, daß die Wechselfestigkeit σ_w der Schwellfestigkeit $\sigma_{sch}/2$ gleicht und C den Wert 1 annimmt.

Ist im Fall von Druckvorspannungen die Druckschwellfestigkeit $\sigma_{dsch}/2$ hingegen größer als die Wechselfestigkeit σ_w, wird der Term *(1-C²)* kleiner eins. Bedingt durch die definitionsgemäß negative Vorzeichenwahl für W^m im Druckvorspannungszustand wird die modifizierte elastische Verzerrungsenergiedichte ΔW^{e++} dabei reduziert. Ist bei Zugvorspannung die Zugschwellfestigkeit $\sigma_{zsch}/2$ kleiner als die Wechselfestigkeit σ_w, nimmt der Korrekturterm *(1-C²)* Werte größer eins an und läßt die modifizierte elastische Verzerrungsenergiedichte bei definitionsgemäß positiver Vorzeichenwahl für W^m ansteigen.

(5.7d)

$$\Delta W^{e++} = \Delta W^{e+} \pm (1-C^2)\cdot W^m = \frac{1}{8}\Delta\sigma\cdot\Delta\varepsilon \pm \frac{1}{2}\left[(\sigma_m\varepsilon_m) - \left(\frac{\sigma_w}{\sigma_{sch}/2}\right)^2(\sigma_m\varepsilon_m)\right]$$

Zur Berücksichtigung der aktuellen Mittelspannung σ_m bei der Verwendung dieses Korrekturparameters, sollte anstelle des festgelegten Quotienten C aus Wechsel- und Schwellfestigkeit allerdings gemäß des Festigkeitsdiagramms (**Bild 5.3**) eine allgemeingültige Formulierung von Mittelspannungsabhängigkeit und maximaler Schwingfestigkeit zugrundegelegt werden. Die Ausgangsbasis hierzu wurde bereits mit Gleichung (5.6) bereitgestellt. Wird in Gleichung (5.7c) die Wechselfestigkeit σ_w durch die Ausgangsbelastbarkeit σ_e und die Schwellfestigkeit $\sigma_{sch}/2$ durch die modifizierte Lastamplitude σ_a ersetzt und für den Quotient σ_e/σ_a anschließend die Beziehung Gl.(5.6) eingesetzt, ergibt sich folgende Formulierung für die modifizierte elastische Verzerrungsenergiedichte ΔW^{e++}: (5.7e)

$$\Delta W^{e++} = \frac{1}{8}\Delta\sigma\cdot\Delta\varepsilon \pm \frac{1}{2}\left[(\sigma_m\varepsilon_m) - \left(\frac{1}{1-\sigma_m/R_m}\right)^2(\sigma_m\varepsilon_m)\right] = \Delta W^{e+} \pm (1-C^2)\cdot W^m$$

Steht mit der Summe der plastischen und der modifizierten elastischen Verzerrungsenergiedichteanteile als der totalen Verzerrungsenergiedichte unter Berücksichtigung der Mittelspannungseinflüsse nun ein Beanspruchungsparameter für die Bauteiloberfläche zur Verfügung, muß für die numerische Versagensabschätzung noch eine geeignete Lebensdauerfunktion, d.h. eine entsprechende Beziehung zwischen der zyklischen Verzerrungsenergiedichte und der Lastspielzahl N_f, gefunden werden, vgl.Gl.(4.9). Im Gegensatz zu dem bereits vorgestellten lokalen Dehnungsansatz (s. Abschnitt 4.3.2) stehen jedoch hierfür keine direkten, experimentell ermittelten Lebensdauerdiagramme in Abhängigkeit der zyklischen Verzerrungsenergiedichte zur Verfügung.

Es besteht daher die primäre Aufgabe, die existierenden Ermüdungskennwerte des dehnungskontrollierten Versuchs durch eine entsprechende mathematische Transfomation auf das Energiedichtekonzept zu übertragen. Das Lebensdauerdiagramm des lokalen Dehnungsansatzes, **Bild 4.7,** muß in ein neues, energiedichtebezogenes Diagramm mit dem Schädigungsparameter ΔW^{t} überführt werden, **Bild 5.4.**

Diese Übertragung gelingt rein formal durch Substitution der Spannungs-Dehnungs-amplitude in der Definition der zyklischen Verzerrungsenergiedichte, Gl.(5.3), durch die entsprechenden Beschreibungen der Lebensdauerbeziehungen von *Manson-Coffin* und *Basquin* Gl.(4.6) ohne Berücksichtigung der Mittelspannung σ_{m}. Nach dem Einsetzen der betreffenden Gleichungen ergeben sich unmittelbar die Beziehungen für die plastische und die elastische Verzerrungsenergiedichte in Abhängigkeit der bekannten, aus dem einachsigen Ermüdungsversuch ermittelten Werkstoffkennwerte /84/:

$$\Delta W^{p} = 4 \frac{(1-n')}{(1+n')} \sigma_{f}' \epsilon_{f}' \cdot (2N_{f})^{(b+c)} \tag{5.8a}$$

$$\Delta W^{e+} = \frac{1}{2} \frac{\sigma_{f}'^{2}}{E} \cdot (2N_{f})^{2b} \tag{5.8b}$$

Die totale Verzerrungsenergiedichte läßt sich somit schließlich in Analogie zum lokalen Dehnungsansatz als Summe des elastischen und plastischen Anteils ausdrücken:

$$\Delta W^{t} = \Delta W^{p} + \Delta W^{e+} = 4 \cdot \frac{(1-n')}{(1+n')} \cdot \sigma_{f}' \epsilon_{f}' \cdot (2N_{f})^{(b+c)} + \frac{1}{2} \cdot \frac{(\sigma_{f}')^{2}}{E} \cdot (2N_{f})^{(2b)} \tag{5.8c}$$

Die beiden darin enthaltenen Terme können wieder wie im Fall des Dehnungsansatzes als die partiellen Lebensdauergleichungen für den Kurzzeit- und Langzeitermüdungsbereich angesehen und in doppeltlogarithmischer Form als lineare Funktionen aufgetragen werden, **Bild 5.4.** Die zugeordneten Geradensteigungen '(b+c)' und '(2b)' leiten sich hierbei analog von den Exponenten des Dehnungsansatzes ab. Die 'linearen' Funktionen können somit wiederum als die lokalen Ableitungen erster Ordnung der gesuchten Lebensdauerfunktion $g(2N_{f})$ in den vordefinierten Intervallgrenzen des Diagramms aufgefaßt werden. Durch Bildung der zugehörigen Stammfunktion gelangt man, in strikter Anlehnung an die Vorgehensweise beim lokalen Dehnungsansatz, zu einer geschlossenen mathematischen Formulierung der Ermüdungsfunktion für die zyklische Verzerrungsenergiedichte. Die genaue Herleitung der einzelnen Zwischenschritte ist im Anhang A2 angefügt.

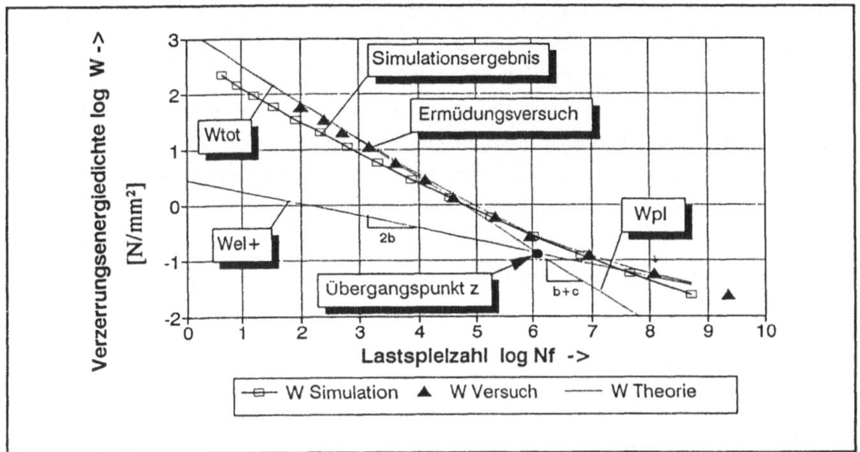

Bild 5.4:   Die Grenzlastspielzahl N_f als Funktion der totalen zyklischen Verzerrungsenergiedichte ΔW^t für einen niedriglegierten Kohlenstoffstahl (St52-3)

Die Lastspielzahl N_f ist schließlich als Funktion von ΔW^t und den bekannten Ermüdungskennwerten durch die folgende Beziehung gegeben, wobei ΔW^t dimensionslos gesetzt wird:

$$2N_f = 10^{\dfrac{-2\sqrt{z}\cdot\sqrt{\log(\Delta W^t)\cdot(b-c)+(c+b)^2z+A\cdot(c-b)-2z(b+c)}}{(b-c)}} \tag{5.9}$$

A stellt hierbei einen Integrationsfaktor und z einen konstanten Parameter dar:

$$A = \frac{z}{4}(c-b)+\log\left(8\cdot\frac{(1-n')}{(1+n')}\cdot\sigma_f'\cdot e_f'\right) \,, \quad z = \frac{1}{(b-c)}\log\left[\frac{(1-n')}{(1+n')}\cdot\frac{8\cdot e_f'\cdot E}{\sigma_f'}\right]$$

Der Parameter z mit $z=log(2N_a)$ ist dabei rein formal durch die Bedingungen am Übergangspunkt vom ideal elastischen zum ideal plastischen Ermüdungsverhalten des Lebensdauerdiagramms bestimmt, **Bild 5.4**.

Zur ersten Überprüfung des entwickelten Lebensdaueransatzes mußten die analytischen Ergebnisse der Lebensdauervorhersage aus Gl.(5.9) mit experimentellen Werten des einachsigen Ermüdungsversuchs für die gleichen gewählten Belastungsbedingungen untersucht werden. **Bild 5.4** unterstreicht bereits die gute Übereinstimmung der theoretischen und experimentellen Ergebnisse für den Werkstoff St52-3 /76/. W_{tot} zeigt darin den theoretischen Verlauf der Lebensdauergleichung für die totale Verzerrungsenergiedichte aufbauend auf Gl.(5.8a-c), $W_{Versuch}$ steht für die aus dem dehnungskontrollierten Versuch übertragenen,

experimentellen Ergebnisse (vgl. **Bild 4.7**) und $W_{Simulation}$ schließlich gibt die Simulationsergebnisse für den Verlauf der approximierten Lebensdauerfunktion wieder. Vergleichbar
gute Ergebnisse wurden darüberhinaus für weitere sehr unterschiedliche Materialien wie den
legierten Fließpreßstahl 42CrMo4 in zwei Vergütungsstufen (240HV und 405HV) sowie den
gehärteten Kaltarbeitsstahl 100Cr6 (53HRC) erzielt. Die Ergebnisse für den Stahl 100Cr6
sind in anderem Zusammenhang der Darstellung aus **Bild 5.6** zu entnehmen.

Aus diesen ersten Voruntersuchungen kann geschlossen werden, daß die entwickelte
Formulierung, wie bereits schon im Fall des lokalen Dehnungsansatz, eine gute Approximation des tatsächlichen Ermüdungsverhaltens für die numerische Lebensdauersimulation abgibt.

5.3   Berücksichtigung der Mehrachsigkeit und numerische Realisierung

Die Lebensdauersimulation benötigt als relevanten Versagensparameter und Eingabewert für
die numerische Berechnung die zyklische Verzerrungsenergiedichte. Der Einfluß mehrachsiger Beanspruchungszustände muß zu diesem Zweck in einem einparametrigen Skalarwert
zusammengeführt werden, der als Vergleichsparameter den aktuellen Beanspruchungszustand
charakterisiert. Die Beschreibung der zyklischen Verzerrungsenergiedichte, die bisher
entwickelt wurde, basierte jedoch nur auf der Annahme einachsiger Belastungen und muß
deshalb für den mehrachsigen Zustand ausgebaut werden. Es gilt daher die Integralgleichung
für ΔW^t des einachsigen Falls, Gl.(5.3), auf den mehrachsigen Beanspruchungszustand zu
erweitern. Hierzu bietet sich für die allgemeingültige Formulierung die Tensorschreibweise
des Spannungs-Dehnungstensor σ_{ij} bzw. ϵ_{ij} an. Die nachfolgenden Ausführungen sollen die
gewählte Vorgehensweise und die Möglichkeit der numerischen Realisierung aufzeigen.

Betrachten wir zunächst die Formulierung der totalen Verzerrungsenergiedichte ΔW^t für den
mehrachsig elastischen Beanspruchungszustand ohne Plastifizierung ($\Delta W^p = 0$). In Anlehnung
an Gl.(5.3) und unter Anwendung der Tensorschreibweise und der Summenkonvention kann
der elastische Anteil ΔW^{e+} wie folgt dargestellt werden, wobei gemäß Gl.(5.5) wiederum
nur der zugelastische Anteil berücksichtigt wird:

$$\Delta W^{e+} = \int_{-\Delta\epsilon_{ij}^e/2}^{+\Delta\epsilon_{ij}^e/2} \frac{\sigma_{ij}}{2} d\epsilon^e = \frac{1}{2}\sum_i \sum_j \frac{\Delta\sigma_{ij}}{2}\cdot\frac{\Delta\epsilon_{ij}^e}{2} = \frac{1}{8}\Delta\sigma_{ij}\cdot\Delta\epsilon_{ij}^e \qquad (5.10)$$

Die Berechnung des Skalarprodukts erlaubt dabei die Zerlegung des elastischen Schädi-
gungseinflusses, dargestellt durch ΔW^t für den elastischen Fall, in die richtungsabhängigen
Einzelbeiträge der beteiligten Belastungskomponenten bzw. Beanspruchungsmoden:

$$\Delta W^t = \Delta W^{e+}_{11} + \Delta W^{e+}_{22} + \Delta W^{e+}_{33} + \Delta W^{e+}_{12} + \ldots \qquad (5.11)$$

Auf diesem Wege steht ein einfaches Verfahren zur komponentenweise Berechnung der totalen zyklischen Verzerrungsenergiedichte in der vorgestellten Form auch für mehrachsige Belastungen bereit, **Bild 5.5**.

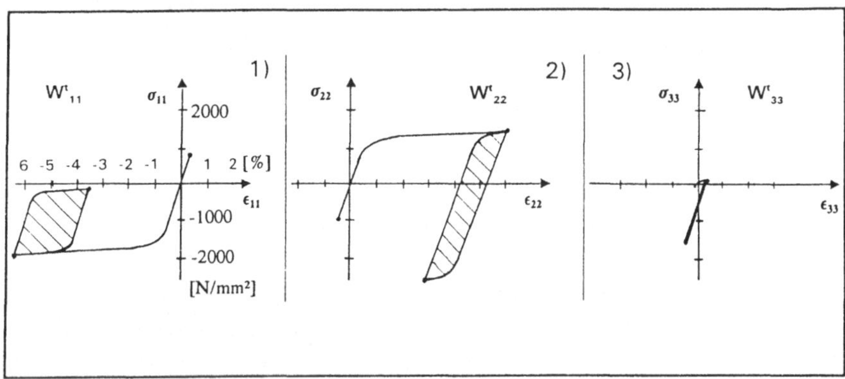

Bild 5.5:   Komponentenweise Darstellung der zyklischen Spannungs-Dehnungsverläufe der lokalen Oberflächenbeanspruchung am Beanspruchungsmaximum

Bei der Übertragung einachsiger Modellansätze auf mehrachsige Beanspruchungsverhältnisse darf jedoch nicht ohne weiteres der Einfluß unterschiedlicher deviatorischer Spannungs-Dehnungszustände auf die Schädigungsrate als Folge gegenphasiger schwingender Belastungskomponenten außer Acht gelassen werden. Wie sich bereits gezeigt hat, kann eine Vernachlässigung oder Nichtbeachtung dieses Effektes zu sehr stark abweichenden Ergebnissen führen. In der bisherigen Formulierung der effektiv schädigenden, totalen Verzerrungsenergie findet der hydrostatische Zustand allerdings noch keine Berücksichtigung.

Aus der Plastizitätstheorie ist bekannt, daß nur der Spannungsdeviator eines mehrachsigen Spannungszustandes einen entscheidenden Einfluß auf das Plastifizierungsverhalten und damit im statischen Fall letztendlich auf die ertragbare äußere Belastung des Bauteils hat. Das Fließkriterium nach *v.Mises* sei hierzu als mathematische Formulierung genannt. Es beschreibt mit Hilfe der elastischen Verzerrungsenergiedichte als Vergleichsbeanspruchungs-parameter den Beginn des plastischen Fließens für einen beliebig vorgegebenen mehrachsigen Belastungzustand. Der hydrostatische Spannungsanteil hat hierbei keinen Einfluß auf den Einritt des Fließens und die weitere plastische Formänderung.

Dementsprechend verhält es sich mit der elastischen Verzerrungsenergiedichte als Schädigungsparameter. Werden für die zyklische Werkstoffschädigung, wie bereits angesprochen, nur mikroplastische Werkstoffverformungen verantwortlich gemacht, liefert die hydrostatische Energiedichte ΔW^h als Produkt der hydrostatischen Spannung σ^h und der dazugehörigen hydrostatischen Dehnungskomponente ϵ^h, ebenfalls keinen Beitrag zur Werkstoffermüdung. Der auch als Volumenänderungsenergiedichte bezeichnete Anteil ΔW^h stellt allerdings ein Maß für die Mehrachsigkeit der Beanspruchung und damit verbundene Sprödbruchanfälligkeit des Materials dar /91/. Das Ermüdungskriterium darf deshalb auch nur den deviatorischen Anteil von ΔW^t, im folgenden als effektive Verzerrungsenergiedichte ΔW^{eff} bezeichnet, ohne den Einfluß der hydrostatischen Volumenänderungsenergiedichte ΔW^h zur Beurteilung des Ermüdungsverhaltens heranziehen:

$$\Delta W^t = \Delta W^{eff} + \Delta W^h \tag{5.12}$$

Im rein elastischen Fall läßt sich die effektive Verzerrungsenegiedichte ΔW^{eff} somit einfach aus ΔW^t durch Subtrahieren des hydrostatischen Anteils ΔW^h ableiten. Unter Heranziehung der Tensorschreibweise ergibt sich ΔW^{eff} dann aus ΔW^{e+}, Gl.(5.10), wie folgt:

$$\tag{5.13}$$

$$\Delta W^{eff} = \Delta W^t - \Delta W^h = \frac{1}{8}\left(\sum_i \sum_j \Delta\sigma_{ij}\cdot\Delta e_{ij}^e - 3\Delta\sigma^h\cdot\Delta e^h \right) = \frac{1}{8}\sum_i\sum_j \Delta\sigma_{ij}'\cdot\Delta e_{ij}^{e\prime}$$

Diese Schreibweise entspricht der bekannten Gestaltänderungsenergiehypothese zur Beschreibung des duktilen Materialverhaltens. Der Ausdruck $\Delta\sigma'_{ij}$ steht dabei für den zyklischen Spannungsdeviator und $\Delta\epsilon^{e\prime}_{ij}$ für den entsprechenden Deviator der zyklisch elastischen Dehnung. $\Delta\sigma^h$ und $\Delta\epsilon^h$ sind sinngemäß die zyklischen, hydrostatischen Spannungs- bzw. -dehnungskomponenten. Sie lassen sich für den allgemeingültigen 3-dimensionalen Fall als Amplitude der hydrostatischen Beanspruchungen am Lastmaximum und -minimum des Belastungszyklus berechnen:

$$\Delta\sigma^h = \frac{1}{3}\sum_k \Delta\sigma_{kk} = \frac{1}{3}(\sigma_{max1}+\sigma_{max2}+\sigma_{max3}) - \frac{1}{3}(\sigma_{min1}+\sigma_{min2}+\sigma_{min3}) \tag{5.14a}$$

$$\Delta e^h = \frac{1}{3}\sum_k \Delta e_{kk} = \frac{1}{3}(e_{max1}+e_{max2}+e_{max3}) - \frac{1}{3}(e_{min1}+e_{min2}+e_{min3}) \tag{5.14b}$$

Werden nun in Analogie zu Gl.(5.7) nur der zugelastische Verzerrungsenergiedichteanteil jeder Belastungskomponente berücksichtigt - korrigiert um den jeweiligen Einfluß der Mittelspannung bzw. Mitteldehnung - lautet die effektive zyklische Verzerrungsenergiedichte ΔW^{eff} in ihrer neuen Form:

$$\Delta W^{eff} = \Delta W^{e+} \pm W^m$$

$$= \sum_i \sum_j \left(\frac{1}{8}\Delta\sigma_{ij}'\cdot\Delta e_{ij}^{e\prime} \pm \frac{1}{2}[(1-C^2)\cdot\sigma_{m,ij}\cdot e_{m,ij}] \right) \tag{5.15}$$

Auf diese Weise ist es möglich den Einfluß statischer Vorspannungen aller schwingenden Komponenten auf den Schädigungsvorgang zu betrachten. Die Formulierung unterstützt aufgrund der Deviatorfomulierung auch experimentelle Untersuchungen, die zeigen, daß im einachsigen Fall eine Mittelspannung senkrecht zur schwingenden Normalspannung einen größeren Einfluß auf die Festigkeit hat, als eine Mittelspannung senkrecht dazu. *Zenner u.a.* /80/ sprechen hierbei von einem 'anisoptropen' Mittelspannungsverhalten. Mit Hilfe eines Korrekturterms $(1-C_{ij}^2)$ kann darüberhinaus in der oben genannten allgemeingültigen Beziehung der unterschiedliche Einfluß von Zug-, Druck- oder Schubmittelspannungen auf das Festigkeitsverhalten komponentenweise bzw. richtungsabhängig berücksichtigt werden. Hierzu müssen allerdings für jede der Mittelspannungsarten die entsprechenden Festigkeitswerte zur Berücksichtigung in der Gleichung (5.6) für den Parameter C gegeben sein.

Für den allgemeinen elastisch-plastischen Fall gilt es nun, in Analogie zu Gl.(5.3), den plastischen Anteil ΔW^P mit in die obige Beziehung der effektiven Verzerrungsenergiedichte Gl.(5.15) einzubeziehen. Dies gelingt in Analogie zu Gleichung (5.4) durch Betrachtung der zyklischen Vergleichsspannung und der zyklischen Vergleichsdehnung wie folgt:

$$\Delta W^P = \int_{e^P_{v,1}}^{e^P_{v,2}} \sigma_v \, de^P_v = \frac{1-n'}{1+n'} \cdot \Delta \sigma_v \cdot \Delta e^P_v$$

$$= \frac{1-n'}{1+n'} \cdot \sum_i \sum_j \left(\frac{3}{2} \Delta \sigma'_{ij} \cdot \Delta \sigma'_{ij} \right)^{\frac{1}{2}} \cdot \sum_k \sum_l \left(\frac{2}{3} \Delta e^P_{kl} \cdot \Delta e^P_{kl} \right)^{\frac{1}{2}} \tag{5.16}$$

Wird der plastische Term nun in Gleichung (5.15) mit aufgenommen, lautet die Gleichung für die effektive Verzerrungsenergiedichte des zyklisch elastisch-plastischen Verformungszustands unter Anwendung der Einstein'schen Summenkonvention: $\tag{5.17}$

$$\Delta W^{eff} = \Delta W^P + \Delta W^{e+} \pm W^m$$

$$\Delta W^{eff} = \frac{(1-n')}{(1+n')} \cdot \left(\frac{3}{2} \Delta \sigma'_{ij} \Delta \sigma'_{ij} \right)^{\frac{1}{2}} \cdot \left(\frac{2}{3} \Delta e^P_{kl} \Delta e^P_{kl} \right)^{\frac{1}{2}} + \frac{1}{8} \cdot \Delta \sigma'_{ij} \cdot \Delta e^{e'}_{ij} \pm \frac{1}{2} [(1-C^2) \sigma_{m,ij} \cdot e_{m,ij}]$$

Die oben genannte Formulierung stellt die Grundgleichung für die programmtechnische Realisierung des vorgestellten Schädigungskonzeptes und dessen Implementierung in die Simulationssoftware dar. In einer schrittweisen Prozedur kann damit aufbauend auf den FE-Ergebnissen ΔW^{eff} als Eingangsgröße für die Lebensdauerabschätzung eines beliebig gearteten mehrachsigen Beanspruchungszustandes berechnet werden.

Die dabei betrachtete Schädigungs- oder Prozeßzone δa kann sich entweder, wie es die derzeitige Programmimplemetierung vorsieht, an einer Bauteil- oder Kerboberfläche befinden oder zu einem späteren Ausbaustadium des Versagenskonzeptes auch den Rißspitzenbereich umfassen /87-89/. Sie verkörpert in beiden Fällen einen eng eingeschränkten mikroskopischen Materialbereich, der annähernd homogene Beanspruchungsbedingungen garantiert, **Bild 4.4.**

5.4 Korrektur einachsiger Ermüdungsdiagramme für mehrachsige Beanspruchungsfälle

Bisherige Versagenskonzepte gingen in der Regel davon aus, daß ein mehrachsiger Belastungszustand ohne weiteres mittels eines geeigneten Vergleichsbeanspruchungskennwertes auf den einachsigen Ermüdungsversuch und die daraus ermittelten Lebensdauerkennwerte übertragbar ist. Es hat sich jedoch gezeigt, daß unterschiedliche hydrostatische Spannungs-Dehnungszustände sehr deutliche Auswirkungen auf das Ermüdungsverhalten haben können. Sie dürfen deshalb nicht vernachlässigt oder unwissentlich übergangen werden. Es stellt sich somit die berechtigte Frage, ob eine Übertragbarkeit mehrachsiger Beanspruchungszustände auf einachsige Ermüdungsdiagramme in der gängigen Art und Weise überhaupt zulässig ist.

Die vorangegangenen Überlegungen haben in diesem Zusammenhang erbracht, daß die effektive Verzerrungsenergiedichte ΔW^{eff} ohne Beteiligung des hydrostatischen Anteils ΔW^{h} als der tatsächliche, die Materialermüdung beschreibende Versagensparameter, anzusehen ist. Wird hingegen die totale Verzerrungsenergiedichte ΔW^{t} als Versagensparameter herangezogen, ist der hydrostatische Energieanteil implizit mit in der Versagensformulierung enthalten. Weicht der hydrostatische Zustand des mehrachsigen Belastungsfalls von dem der einachsigen Ermüdungszugprobe ab, ist die totale Verzerrungsenergiedichte somit nicht mehr als Vergleichskennwert geeignet. Es dürfen demzufolge nur Beanspruchungszustände mit vergleichbarem hydrostatischen Spannungs-Dehnungszustand miteinander in Beziehung gebracht werden.

Die Simulation liefert, wie gesehen, die effektive Verzerrungsenergiedichte als Versagensparameter. Ermüdungsversuche gehen jedoch meßtechnisch bedingt, da sie die äußere Probenbeanspruchung erfassen, von der totalen Dehnungs- bzw. Spannungskomponente des einachsigen Versuchs aus. Der hydrostatische Spannungs-Dehnungsanteil ist somit zwangsläufig im Meßwert und damit auch in der Lebensdauerauswertung enthalten. Werden nun aus den vorliegenden dehnungskontrollierten Diagrammen weiterführend die energiedichtebezogenen Ermüdungsbeziehungen abgeleitet, enthalten auch diese konsequenterweise den hydrostatischen Energiedichteanteil ΔW^{h*} der einachsigen Ermüdungsprobe. Es erscheint aus diesem Grund einleuchtend, daß die effektive Verzerrungsenergiedichte ΔW^{eff} als Ergebnis der numerischen Auswertung eines mehrachsigen Beanspruchungszustandes nicht unmittelbar mit den Lebensdauerwerten des einachsigen Lebensdauerdiagramms korreliert werden darf. Hierzu muß der effektive Verzerrungsenergiedichteanteil der einachsigen Probe ΔW^{eff*} herangezogen werden. Bisherige Versagenskonzepte haben diese Tatsache jedoch nicht beachtet!

Als Konsequenz dieser Überlegungen ergeben sich zwei Lösungsmöglichkeiten für die numerische Auswertung:

- 1) Der totale Energiedichtewert ΔW^{t*} auf der Ordinate des Lebensdauerdiagramms muß um den hydrostatischen Anteil ΔW^{h*} reduziert werden, um die effektive Vergleichsbeanspruchung ΔW^{eff*} der einachsigen Ermüdungsprobe zu erhalten, oder
- 2) der effektive Verzerrungsenergiedichteanteil ΔW^{eff} des mehrachsigen Beanspruchungszustandes muß um den Term ΔW^{h*} der einachsigen Probe korrigiert werden, um dem aufgetragenen Ordinatenwert ΔW^{t*} des Ermüdungsdiagamms zu entsprechen.

Für die Simulationssoftware der vorliegenden Arbeit wurde der zweite Vorschlag aufgegriffen und programmtechnisch realisiert. Die entsprechende Korrekturformel für den neuen Eingangswert der Lebensdauerabschätzung lautet:

$$\Delta W^{t*} = \Delta W^{eff} + \Delta W^{h*} \tag{5.18}$$

Hierbei entspricht ΔW^{eff} definitionsgemäß dem Betrag von ΔW^{eff*} der einachsigen Versuchsprobe, der für die experimentell ermittelte Schädigungsrate im Lebensdauerdiagramm verantwortlich ist. Für die Korrektur der Lebensdauerfunktion besteht nun die Aufgabe, den hydrostatischen Anteil ΔW^{h*} der fiktiven einachsigen Vergleichsprobe in Abhängigkeit der Größenordnung der mehrachsigen Beanspruchung, d.h. von ΔW^{eff} und der damit assoziierten, identischen Beanspruchung ΔW^{eff*} der einachsigen Ermüdungsprobe, zu erfassen.

Da der plastische Anteil der effektiven Verzerrungsenergiedichte ΔW^{eff} keinen Einfluß auf die Berechnung von ΔW^{h*} hat, dürfen im folgenden nur die elastischen Anteile betrachtet werden. Zur weiteren begrifflichen Trennung des elastischen und plastischen Anteils an ΔW^{eff} bzw. ΔW^{eff*} werden die Bezeichnungen ΔW_{el}^{eff} und ΔW_{el}^{eff*} für den elastischen Anteil, respektive ΔW_{pl}^{eff} und ΔW_{pl}^{eff*} für den plastischen Anteil eingeführt.

Unter Anwendung des Hookschen Gesetzes für den elastischen Spannungs-Dehnungszustand, ausgedrückt in der elastischen Verzerrungsenergiedichte, gelangt man zu den folgenden Formulierungen für ΔW_{el}^{eff*}, wobei das Produkt aus $\Delta\sigma_1$ and $\Delta\epsilon^e_1$ dem elastischen Betrag von ΔW^{t*} der einachsig zyklischen Ermüdungsbeanspruchung d.h. ΔW^{e*} entspricht.

a) Für den einachsigen Spannungszustand mit $\sigma_2, \sigma_3 = 0$, berechnet sich ΔW_{el}^{eff} zu:

$$\Delta W_{el}^{eff*} = \frac{6}{9}\cdot(1+\nu)\cdot[\frac{1}{8}\Delta\sigma_1\Delta\epsilon^e_1] = \frac{6}{9}\cdot(1+\nu)\cdot\Delta W^{e*} = A^*\cdot\Delta W^{e*} \tag{5.19a}$$

b) Für den einachsigen Dehnungszustand mit $\epsilon_2, \epsilon_3 = 0$, ist ΔW_{el}^{eff} dementsprechend:

$$\Delta W_{el}^{eff*} = \frac{6}{9} \cdot \frac{(1-2\nu)}{(1-\nu)} \cdot [\frac{1}{8} \Delta \sigma_1 \Delta e_1^e] = \frac{6}{9} \cdot \frac{(1-2\nu)}{(1-\nu)} \cdot \Delta W^{e*} = A^* \cdot \Delta W^{e*} \qquad (5.19b)$$

A^* stellt hierbei einen von der Probengeometrie abhängigen Korrekturfaktor dar, der den deviatorischen Anteil der elastischen Verzerrungsenergiedichte der Probe ΔW^{e*} beschreibt.

Aus den obigen Gleichungen (5.19a) bzw. (5.19b) und der Forderung nach $\Delta W_{el}^{eff} = \Delta W_{el}^{eff*}$ kann nun gefolgert werden, daß der mehrachsige Vergleichsparameter ΔW_{el}^{eff} nur mit dem probengeometrieabhängigen Korrekturfaktor $1/A^*$ multipliziert werden muß, um ΔW^{e*} als dem elastischen Anteil des korrigierten Eingangswert ΔW^{t*} für das Lebensdauerdiagramm zu erhalten:

$$\Delta W^{e*} = \frac{1}{A^*} \cdot \Delta W_{el}^{eff*} = \frac{1}{A^*} \cdot \Delta W_{el}^{eff} \qquad (5.20)$$

Für die Korrektur im vorliegenden Fall kommt - ausgehend von dünnen rotationssymmetrischen Ermüdungsproben mit einem Durchmesser von wenigen Millimetern - somit der einachsige Spannungszustand mit der Korrekturgleichung Gl.(5.17a) in Betracht.

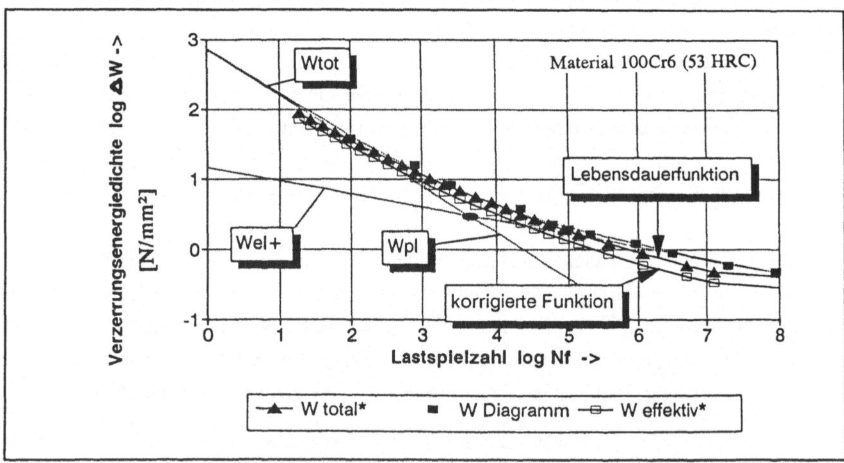

Bild 5.6: Korrigiertes Lebensdauerdiagramm der zykl. Verzerrungsenergiedichte zur Vorhersage mehrachsigen Ermüdungsverhaltens (Material: 100Cr6, 53HRC)

Entsprechend der Korrektur für den elastischen Anteil muß auch der plastische Teil der effektiven Verzerrungsenergiedichte $\Delta W_{pl}^{eff} = \Delta W_{pl}^{eff*}$ an den plastischen Beitrag ΔW^{r*} des

Eingangswertes $\Delta W^{\prime *}$ für das Lebensdauerdiagramm angepaßt werden. Mit der Transformationsbeziehung für den Spannungsdeviator $\sigma_{ij}' = \sigma_{ij} \cdot \sqrt{(1/A^*)}$ ergibt sich folgende Korrekturgleichung für den plastischen Verzerrungsenergiedichteanteil:

$$\Delta W_{pl}^{eff*} = \frac{1-n'}{1+n'} \cdot \Delta \sigma_1' \Delta \varepsilon^p_1 = \sqrt{\frac{1}{A^*} \cdot \frac{1-n'}{1+n'}} \cdot \Delta \sigma_1 \Delta \varepsilon^p_1 = \sqrt{\frac{1}{A^*}} \cdot \Delta W^{p*} \tag{5.21}$$

Der endgültige korrigierte Wert für $\Delta W^{\prime *}$ als Summe von ΔW^{e*} und ΔW^{p*} ergibt sich schlußendlich aus dem separat korrigierten elastischen und plastischen Anteil der effektiven Verzerrungsenergiedichte ΔW_{el}^{eff} und ΔW_{pl}^{eff}:

$$\Delta W^{e*} = \Delta W^{e*} + \Delta W^{p*} = \frac{1}{A^*} \cdot \Delta W_{el}^{eff} + \sqrt{\frac{1}{A^*}} \cdot W_{pl}^{eff} \tag{5.22}$$

Bild 5.6 zeigt hierzu abschließend für den untersuchten Kaltarbeitsstahl 100Cr6 die ursprüngliche Lebensdauerkurve $\Delta W^{\prime *}$ und die um den hydrostatischen Anteil korrigierte Kurve ΔW^{eff*}. Besonders im elastisch dominierten Bereich des *'High Cycle Fatigue'* ist ein deutlicher Unterschied sichtbar, während dieser mit zunehmendem plastischen Anteil zurückgeht. Diese Tatsache erklärt auch, warum bisherige mehrachsige Ermüdungskonzepte, die sich vielfach auf den *'Low Cycle Fatigue'* beschränken, noch zu zufriedenstellenden Ergebnissen kommen.

6   Experimentelle Überprüfung des lokalen Ermüdungskonzepts für die Simulation der Rißeinleitung

Ein wesentlicher Schritt vor der Anwendung eines neuen Versagenskonzeptes auf die mehrachsige Ermüdungsproblematik realer Bauteile ist die eingehende Überprüfung des entwickelten Modells hinsichtlich seiner erreichbaren Genauigkeit und Zuverlässigkeit. Die nun folgenden Ausführungen sollen über die numerischen und experimentellen Ergebnisse berichten, die zur Überpüfung der lokalen Energiedichtemethode im Rahmen dieser Arbeit durchgeführt wurden /90/.

Ziel dieser Untersuchungen war es, soweit möglich, durch einen Vergleich numerischer und experimenteller Ergebnisse die vier Grundpfeiler der entwickelten Theorie zu überprüfen. Diese sind:

- Die Ergebnisse der FE-Werkzeugberechnung
- Die mechanische Modellvorstellung und numerische Bestimmung der effektiven Verzerrungsenergiedichte ΔW^{eff} (Gl.(5.17))
- Die mathematische Approximation des Ermüdungsverhaltens mit Hilfe der Lebensdauerfunktion $N_f = g(\Delta W^{\mathit{eff}})$ (Gl.(5.9))
- Die Übertragbarkeit eines mehrachsigen Beanspruchungszustandes auf das einachsige Ermüdungsdiagramm

Darüberhinaus galt es festzustellen, inwieweit eine Übertragbarkeit des idealisierten Ermüdungskonzeptes auf reale Bauteile durch die Beeinflussung der vorliegenden technischen Oberfläche bedingungslos möglich ist. **Bild 6.1** zeigt das hierfür eingeschlagene Lösungskonzept der schrittweisen Überprüfung der lokalen Energiedichtemethode.

Über den darin aufgeführten erste Überprüfungsschritt **(I)** *'Analytische Überprüfung'* wurde bereits im letzten Kapitel berichtet. Er umfaßte die formale Herleitung des energiedichtebezogenen Lebensdauerdiagramms aus Ermüdungskennwerten des dehnungskontrollierten Zeit-Stand-Versuchs und die daran anschließende Genauigkeitsüberprüfung der mathematischen Approximation der Lebensdauerfunktion. Die Ergebnisse hierzu sind bereits in **Bild 5.4** dargestellt. Es zeigte sich, daß die entwickelte Abschätzung im Bereich des *'Low Cycle Fatigue'* eher zu einer konservativen Lebensdauerabschätzung neigt, während hingegen im Bereich des *'High Cycle Fatigue'* die erreichbare Grenzlastspielzahl eher überschätzt wird. Durch eine softwaremäßig optimierte Wahl der Intervallgrenzen in Abhängigkeit der Lage des Übergangspunktes und dem daraus abgeleiteten Funktionsparameter z (vgl. Gl.(5.9), Bild 5.4) ist jedoch für den technisch interessanten Lebensdauerbereich bis 10^7 Belastungszyklen eine sehr gute Abschätzung möglich.

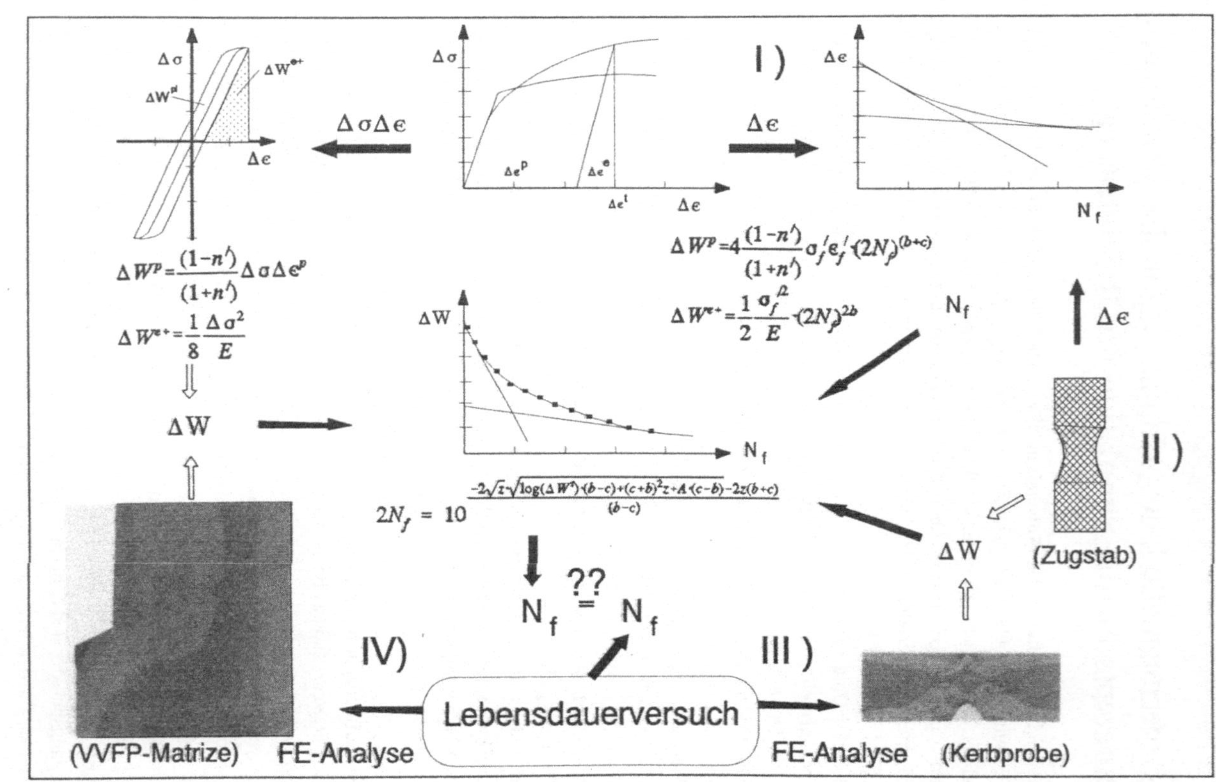

Bild 6.1: Analyseschritte zur Überprüfung des lokalen Ermüdungskonzepts

Zusammenfassend kann zu dem Punkt *'Analytische Überprüfung'* festgehalten werden, daß der neu entwickelte Ansatz eine identische Übertragung der Lebensdauerbeziehungen aus dem dehnungskontrollierten Ermüdungsversuch auf das energiebezogene Lebensdauerdiagramm erlaubt. Die daraus abgeleitete Lebensdauerfunktion ist in der Lage, das tatsächliche Ermüdungsverhalten über den gesamten Lebensdauerbereich gut zu approximieren.

Der nächste durchzuführende Analyseschritt (**II**) betraf die Richtigkeit und Vollständigkeit des mechanischen Modells. Hierzu mußte zunächst die numerischen Methoden zur Bestimmung der Lebensdauer für den einachsigen Beanspruchungsfall anhand eines einfachen Praxisbeispiels überprüft werden. Als geeignetes Beispiel bot sich hierfür die FE-Simulation des dehnungskontrollierten, einachsigen Ermüdungsversuchs an, der experimentell ausführlich in den Lebensdauerdiagrammen der Literatur dokumentiert ist.

In einem weiterführenden Untersuchungsschritt (**III**) galt es nun, die Übertragbarkeit des Versagenskonzeptes auf mehrachsige Beanspruchungsfälle zu untersuchen. Hierzu wurden experimentelle Ermüdungsversuche an einfachen, gekerbten Dreipunkt-Biegeprobe unter einachsigen und überlagerten Beanspruchungsbedingungen durchgeführt und mit Simulationsergebnissen bei versuchsidentischen Bedingungen verglichen. Hierbei konnte zusätzlich auf den Einfluß realer, technischer Oberflächen, wie auch der gewählten FE-Analyseparameter, auf die Vorhersagegenauigkeit der Versagenssimulation eingegangen werden.

Der abschließende Schritt der Untersuchungen (**IV**) bestand darin, das Versagensmodell auf das konkrete Beispiel einer Voll-Vorwärts-Fließpreßmatrize anzuwenden, für die, wie berichtet, aus experimentellen Standmengenuntersuchungen vergleichbare Anrißlebensdauerergebnisse zur Verfügung standen. Hierüber wird unter anderem auch im nachfolgenden Kapitel 7 berichtet werden.

6.1   Ermüdungssimulation einer einachsigen Zugprobe

Die einfachste Möglichkeit ein Versagensmodell anhand experimenteller Vergleichsergebnisse zu überprüfen, bietet sich durch die numerische Simulation des eigentlichen, aus der Literatur entnommenen Ermüdungsversuchs. Hierzu muß als erstes ein FE-Modell der gegebenen Ermüdungsprobe generiert werden. Die für die Simulation benötigten Materialkennwerte und Probenabmessungen stehen wie die erzielten Versuchsergebnisse anhand bekannter Lebensdauerdiagramme zur Verfügung. Durch Übernahme der im Versuch gewählten Belastungsstufen, vorgegeben durch die im Diagramm angetragenen Werte der Dehnungsamplitude, können im Simulationsmodell identische Versuchsbedingungen nachvollzogen werden. Stimmen Simulationsergebnis und Lebensdauerdiagramm anschließend überein, ist bereits hinsichtlich eines einfachen Anwendungsbeispiel eine gute Vorhersagegenauigkeit nachgewiesen.

Für die FE-Analyse wurde zu diesem Zweck als erstes ein rotationssymmetrischer Zugstab, wie er für übliche Zeitstandversuche Verwendung findet, herangezogen. Die Probengeometrie für das FE-Modell sowie die benötigten Ermüdungs- und Materialkennwerte zur Parametrisierung der Lebensdauerfunktion konnten den Angaben der Datenblätter von *Bäumler u. Seeger* /76/ über das Ermüdungsverhalten von Stahl- und Aluminiumlegierungen entnommen werden. Die im Simulationsmodell aufgebrachten Dehnungsamplituden orientierten sich schließlich an den Meßpunkten der abgebildeten Lebensdauerdiagramme, vgl. **Bild 4.7**, sowie den zugehörigen, zyklischen Lastwerten. Auf diese Weise wurde der Ermüdungsversuch exakt nachgebildet.

Ausgehend von dem FE-Ergebnis des resultierenden dreiachsigen Spannungs-Dehnungszustandes ließ sich die totale Verzerrungsenergiedichte $\Delta W'^*$ der einachsigen Probe berechnen und mittels der Lebensdauergleichung Gl.(5.9) die erwartete Grenzlastwechselzahl $2N_f$ bestimmen. Diese Werte konnten anschließend mit den erreichten Lastspielzahlen des Versuchs anhand der Diagrammergebnisse verglichen werden. Das Ergebnis dieses Vergleichs ist in **Bild 6.2** für den Werkstoff St52-3 und 100Cr6 dargestellt.

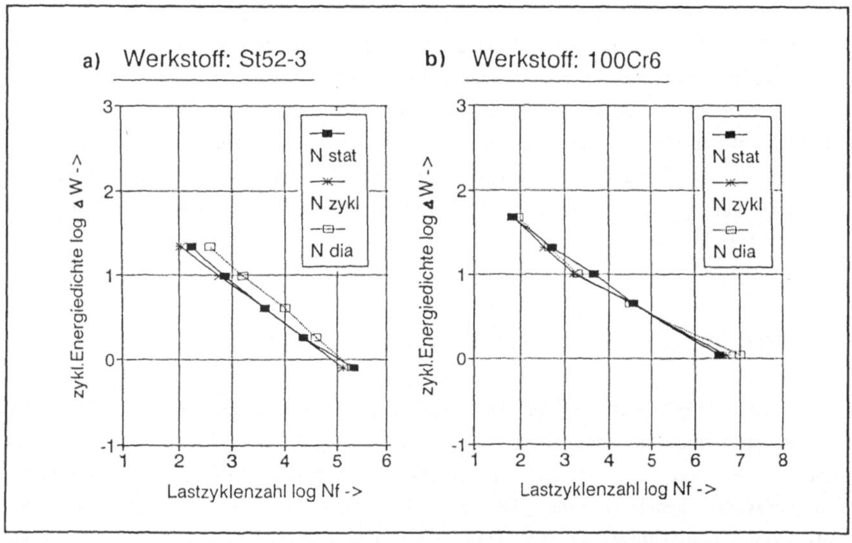

Bild 6.2:   Vergleich des experimentell und numerisch ermittelten Ermüdungsverhaltens einer axialsymmetrischen, einachsigen Zugprobe aus a) St52-3 und b) 100Cr6

Es ist zu erkennen, daß die Kurven der Simulationsergebnisse (N_{stat} und N_{zykl}) in beiden Fällen verhältnismäßig gut mit den Diagrammwerten (N_{dia}) übereinstimmen. Die Abweichungen der

Experimentwerte ist hierbei vor allem auf die Ungenauigkeit der mathematischen Formulierung der Lebensdauerfunktion zurückzuführen, vgl. **Bild 5.4, 5.6**. Neben den dargestellten Beispielen wurden ähnlich gute Ergebnisse für eine Reihe weitere Werkstoffe erzielt.

Prinzipiell unterscheiden sich die abgebildeten Simulationsergebnisse N_{stat}, N_{zykl} durch die gewählte Materialdefinition der FE-Modellbeschreibung. Bei diesem Vergleich interessierte vor allem, wie sich die Vernachlässigung des vom realen Werkstoff gezeigten zyklischen Materialverhaltens unter schwingender Beanspruchung im Vergleich zum normalen statischen Verhalten in der FE-Analyse auf das Simulationsergebnis auswirkt. Hierzu wurden für die Materialgesetzdefinition zum einen die statisch ermittelte Fließkurve eingesetzt (N_{stat}) und zum anderen das zyklische Materialverhalten für den stabilisierten Ermüdungsversuch gewählt (N_{zykl}), vgl. **Bild 5.1**. Interessanterweise ist zu beobachten, daß trotz der sehr unterschiedlichen Fließkurven beider Materialgesetze und der sehr unterschiedlichen elastisch-plastischen Spannungs-Dehnungsergebnisse der FE-Analyse, die resultierende zyklische Verzerrungsenergiedichte und mit ihr das vorhergesagte Ermüdungsverhalten nahezu unverändert bleibt. Dies entspricht erwartungsgemäß auch der Aussage des Kerbgrundkonzepts nach *Neuber* /91/.

Die gezeigte Ergebnisqualität läßt somit den Schluß zu, daß der eingeschlagene Weg der Lebensdauersimulation, für die Versagensabschätzung einfacher Probengeometrien und -belastungen bereits sehr gut geeignet ist. Für den folgenden Überprüfungsschritt (**III**) mußte daraufhin ein anspruchsvolleres Beispiel herangezogen werden. Dabei galt es für eine beliebig überlagerte Mixed-Mode-Beanspruchung die Stelle maximaler Oberflächenbeanspruchung zu lokalisieren und im Vergleich mit experimentellen Untersuchungen die Vorhersageergebnisse der Lebensdauerabschätzung zu testen.

6.2 Experimentelle und numerische Untersuchung des Anrißverhaltens gekerbter Drei-Punkt-Biegeproben

6.2.1 Grundlagen der Versuchsdurchführung

Als Versuchsprobe und Simulationsmodell wurde eine einfache, gekerbte Drei-Punkt-Biegeprobe ausgewählt. Die Probenabmessung betrug 8x8x60mm, der Kerbradius 1mm und die Kerbtiefe 2mm, **Bild 6.3**. Die Kerboberfläche wurde geschliffen und wies je nach Bearbeitungscharge eine Oberflächenrauheit R_z von 2,4-4,7μm auf.

Im folgenden sollen nun kurz die experimentellen Methoden zur Bestimmung des Ermüdungsverhaltens sowie die dabei untersuchten Variationen der Dauerschwingversuche skizziert werden.

Für die Untersuchungen wurden drei typische Vertreter unterschiedlicher Stahlwerkstoffe ausgewählt, für die aus einer Materialdatensammlung von *Bäumler u. Seeger* /76/ ausreichende Ermüdungskennwerte für die Simulation vorlagen. Dies waren der Baustahl St52-3, sowie der Kaltfließpreßstahl 42CrMo4 und der Wälzlager- bzw. Kaltarbeitsstahl 100Cr6. Die beiden letztgenannten Stähle lagen im vergüteten Zustand mit einer Grundhärte von $405HV_{0,1}$ bzw. 53HRC vor. Die erforderliche Wärmebehandlung wurde dabei so durchgeführt, daß die Grundhärte der beiden Werkstoffe nach der Vergütung den Referenzproben der Datensammlung weitgehend entsprach und die darin enthaltenen Material- und Ermüdungskennwerte unmittelbar auf die Simulationsrechnung angewendet werden konnten. Die verwendeten Daten sind der Tabelle 6.1 zu entnehmen. Die Ergebnisdarstellung der Ermüdungsversuche beschränkt sich im folgenden aber vor allem auf die Versuchs-gruppen der Stähle St52-3 und 100Cr6.

Werkstoff	Zyklische Ermüdungsparameter					
	$R_{P0.2}'$ N/mm^2	n' -	ϵ_f' -	σ_f' N/mm^2	c -	b -
St52-3	377	0.207	0.4954	1293	-0.515	-0.115
42CrMo4 (405HV)	1203	0.040	0.885	3118	-1.244	-0.155
100Cr6 (53HRC)	1341	0.146	0.145	2620	-0.560	-0.093

Tabelle 6.1: Ermüdungskennwerte der Versuchswerkstoffe nach *Seeger* /76/

Für die Durchführung der Dauerschwingversuche stand ein Hochfrequenzpulsator der Firma Amsler zur Verfügung /92/. Die Resonanzprüfmaschine mit elektromagnetischem Antrieb ermöglicht die Einstellung einer statischen Mittellast sowie die Erzeugung einer regelbaren dynamischen Lastamplitude. Für den Dauerschwingversuch wurde die Kerbprobe auf zwei Auflagerrollen unter den Belastungsstempel der Maschine positioniert und die zyklische Last über eine Belastungsrolle mittig bzw. außermittig zum Kerbgrund über den Probenrücken aufgebracht, vgl. **Bild 6.3**. Die auf diese Weise erzeugte Druckschwellbeanspruchung wird infolge der Probendurchbiegung und Dehnung des Kerbgrundes in eine Zugschwellbean-spruchung auf der Kerboberfläche (Anrißerzeugung) umgewandelt. Bei mittiger Kraftein-leitung entsteht dadurch eine klassische Mode-I-Beanspruchung für die Rißinitiierung.

Wird die Probe bezüglich der ursprünglichen Lage der Belastungsrolle verschoben, d.h. die Kraft nicht mehr symmetrisch zum Kerbgrund eingeleitet, ist es ohne größeren Aufwand möglich, eine außermittige Probenbelastung zu erzielen. In den Ermüdungsversuchen ließ sich auf diese Weise auf der Kerboberfläche und im Probenquerschnitt neben der erwünschten

Zugspannungsbeanspruchung eine zusätzlich Schubkomponente überlagern. Die Bedingungen für eine zyklische Mixed-Mode-Beanspruchung während der Rißinitiierungsphase waren somit gegeben.

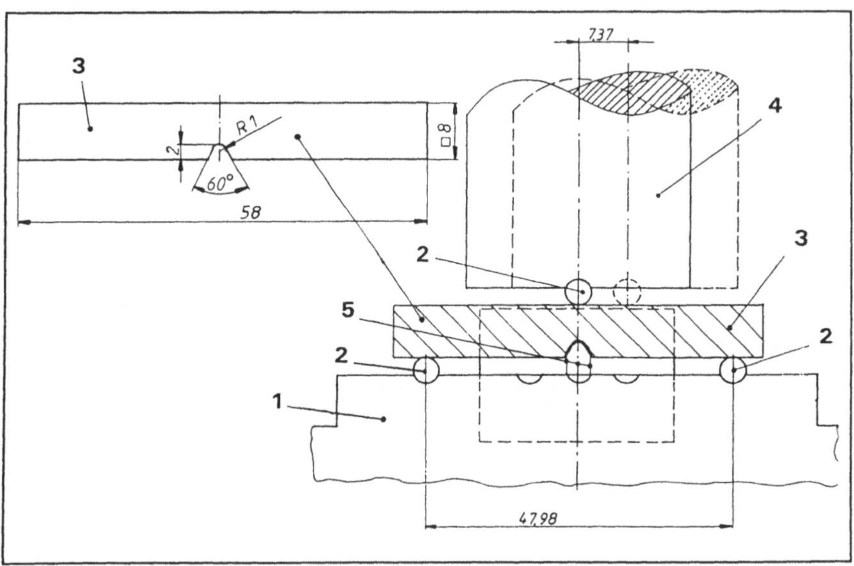

Bild 6.3:   Abmaße der Kerbprobe und Probenaufnahme im Magnet-Resonanz-Pulser, 1) Prüftisch, 2) Auflager- und Belastungsrolle, 3) Kerbprobe, 4) Belastungs- stempel, 5) Justagevorrichtung

Für die Überprüfung der Rißinitiierung bietet die verwendete Prüfmaschine die Möglichkeit, die aktuelle Prüffrequenz sowie die erreichte Lastspielzahl auf einer Anzeige abzulesen. Die eingestellte Prüffrequenz im Bereich von ca. 80-90Hz für die vorliegenden Proben bleibt solange konstant, wie sich kein Anriß an der Probenoberfläche bildet, d.h. sich der Resonanzschwingkreis des Systems Probe-Maschine nicht durch den reduzierten Probenquer- schnitt ändert. Entsteht infolge der Oberflächenermüdung nach einer bestimmten Lastspielzahl ein Anriß, fällt die Resonanzfrequenz rasch ab, **Bild 6.4**. Die aufgenommenen Meßkurven weisen hierbei einen deutlichen Knick auf, der auf die spontane Bildung und beginnende Ausbreitung eines Ermüdungsrisses hindeutet, vgl. Kap.4.2.

Fraktogaphische Untersuchungen haben gezeigt, daß ein Abfall der Prüffrequenz von ca. 0,3Hz bei duktilen Materialien wie am Beispiel des St52-3 mit der Bildung eines technischen Oberflächenanriß in der Größenordnung von ca.0,5mm korreliert werden kann. Die zur Bildung des Ermüdungsanrisses erforderliche Lastspielzahl wird im folgenden als

Anrißlebensdauer N_i verstanden. Die Kurvenverläufe in **Bild 6.4** deuten bereits darauf hin, daß die Anrißbildung bei gleichen äußeren Versuchbedingungen generell starken Streuungen unterworfen ist. **Bild 6.5a** zeigt die zugehörige Bruchfläche einer nachträglich zerbrochenen Probe aus St52-3 dieser Versuchserie mit deutlich sichtbaren Ermüdungsanrissen.

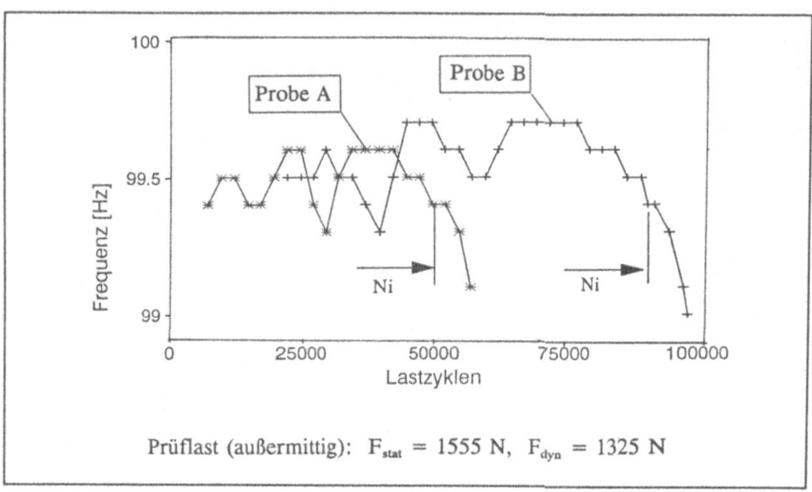

Bild 6.4:   Verlauf der Resonanzprüffrequenz während der Rißinitiierungsphase bis zur spontanen Bildung eines Ermüdungsanrisses für zwei Einzelproben aus St52-3

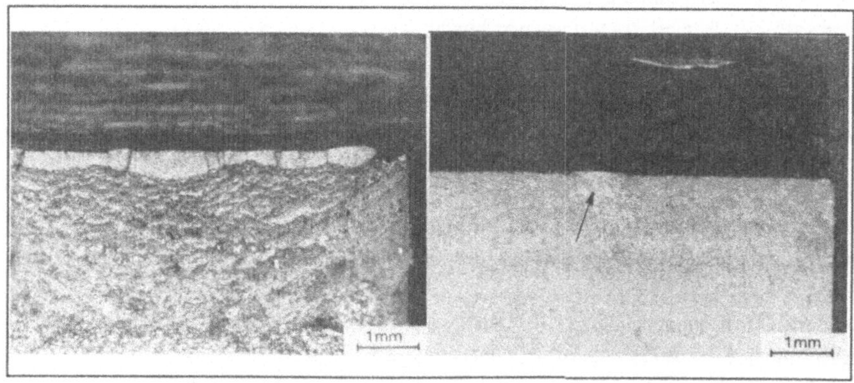

Bild 6.5:   Bruchfläche mit ursprünglichen Ermüdungsanrissen für den Werkstoff
a) St52-3 und b) 100Cr6

Für den spröden Kaltarbeitsstahl 100Cr6 war hingegen keine deutlich meßbare Frequenz-änderung feststellbar; der Gewaltbruch der Probe trat unmittelbar ohne ausgedehnte Anrißbildung ein. **Bild 6.5b** zeigt hierzu die Bruchfläche für den Stahl 100Cr6 mit einem sehr kleinen, ansatzweise erkennbaren, fächerförmigen Mikroanriß (s.Pfeil), der den Gewaltbruch auslöste. Diese Gegenüberstellung unterstreicht nochmals die Bedeutung von Oberflächenfehlern auf den Versagenseintritt bei spröden Materialien, vgl. **Bild 4.1.**

Die Verbesserung der Oberflächenqualität sowie die Aufbringung von Hartstoffschichten oder die partielle Randschichthärtungen mit dem Laserstrahl können, wie aus der Literatur bekannt /5,21/ einen positiven Einfluß auf die Oberflächenermüdung ausüben. Verantwortlich hierfür sind vor allem die Reduzierung von Anrißkeimen bei geringeren Rauhtiefen, die Einbringung von Druckeigenspannungen in die Oberflächenrandfaser oder die Verringerung der zyklisch plastischen Oberflächenverformung.

Erste Untersuchungen zu diesen Einflußgrößen im Rahmen dieser Arbeit sollten im Zusammenhang mit der Simulation weitere Hinweise für eine gezielte Anwendung dieser Maßnahmen bei der Werkzeugoptimierung liefern. Für die notwendigen experimentellen Untersuchungen wurde für einige Versuchsserien des Kaltarbeitsstahls 100Cr6 die geschliffene Kerboberfläche zusätzlich durch elektrolytisches Polieren bzw. PVD-Beschichten oder partielles Laserhärten nachbehandelt.

Bild 6.6: FE-Modell der Drei-Punkt-Biegeprobe zur Ermittlung der Kerbgrund-ermüdung bei mittiger (I) und außermittiger (II) Belastung

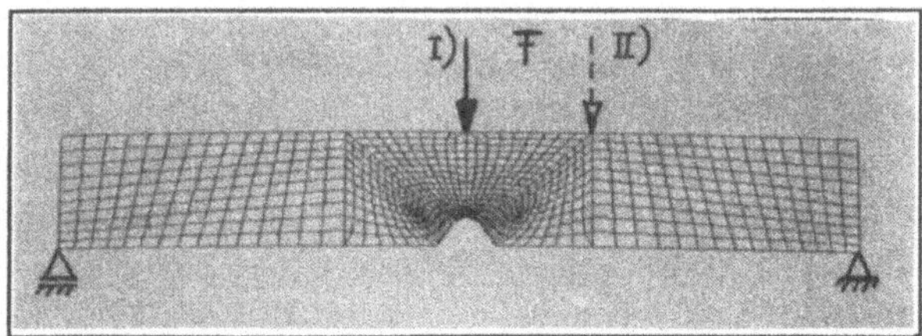

6.2.2 Grundlagen der numerischen Vergleichsrechnung

In **Bild 6.6** ist zugehörige das FE-Modell der untersuchten Drei-Punkt-Biegeprobe. Zum Einsatz kamen in allen Modellbereichen reguläre, ebene 8-Knoten-Elemente mit reduzierter Integration /93/. Es wurde zum Vergleich der Simulationsergebnisse sowohl ebene Spannungszustand (ESZ) als auch der ebene Formänderungszustand (EFZ) für die Element-auswahl zugrunde gelegt. Für die Simulation mittiger (I) wie auch außermittiger Belastungs-fälle (II) mußte auch hier die gesamte Probenlänge modelliert werden.

Die gezeigte Probengeometrie wurde für alle untersuchten Belastungs-, Werkstoff- und Oberflächenbehandlungsvariationen verwendet, so daß das FE-Modell durch einfache Modifikation der entsprechenden Randbedingungen problemlos auf den neuen Analysefall angepaßt werden konnte. Durch identische Übernahme der Versuchrandbedingungen auf das FE-Modell konnte somit auch bei diesem Probentyp der Ermüdungsversuch numerisch exakt nachgebildet werden.

6.2.3 Vergleich numerischer und experimenteller Ergebnisse für mittige und außermittige Probenbelastung

Für die experimentelle Auswertung von Ermüdungsversuchen ist eine statistische Absicherung der Einzelversuche von maßgeblicher Bedeutung. Für die vorliegenden Untersuchungen wurden daher zu jedem Versuchsblock 5 Einzelversuche gefahren und die gemessenen Anrißlebensdauern mit dem Verfahren der $\arcsin\sqrt{P}$ - Transformation für die Anrißwahrscheinlichkeiten P = 10%, 50% und 90% ausgewertet /94/, **Bild 6.7**.

Um eine direkte Gegenüberstellung des außermittigen und des mittigen Belastungsfalls zu ermöglichen, wurde das Biegemoment im Probenquerschnitt und damit auch die Kerbbeanspruchung gemäß der elementaren Biegetheorie konstant gehalten; zu diesem Zweck mußte im außermittigen Fall nur die Stempelkraft entsprechend nachgeregelt werden. Anhand der Darstellung in **Bild 6.7** ist zu erkennen, daß bei außermittiger Belastung im Vergleich zum mittigen Fall durch eine größere Streuung der Einzelergebnisse die Abweichung der statistischen Anrißlebensdauern ebenfalls deutlich größer ist. Ferner gilt es festzuhalten, daß trotz vergleichbarer Kerbbeanspruchung die mittlere Anrißlebensdauer im außermittigen Fall größer ist als bei mittiger Belastung. Demgegenüber sinkt, wie zu erwarten, mit zunehmender Grundbelastung der beiden Versuchserien die erreichte mittlere Anrißlebensdauer ab. Der Belastungsunterschied betrug im gezeigten Fall bei gleicher statischer Grundbelastung 10% der dynamischen Lastamplitude.

Die gleichen Effekte wurden auch bei den übrigen Versuchsserien festgestellt. Darüberhinaus fiel beim Vergleich der Ermüdungsproben mit geschliffenem und zusätzlich poliertem Kerbgrund des Materials 100Cr6 auf, daß auch hier die Streuung der Anrißlebensdauer signifikant zunahm und wesentlich über der der unpolierten Proben lag, **Bild 6.8**.

Für die nun folgenden Auswertungen wurde zum Vergleich mit den Literaturdaten nur noch die 50%-ige Ausfallwahrscheinlichkeit zugrundegelegt, d.h. diejenige Anrißlebensdauer berechnet, bei der für 50% der untersuchten Proben der Versagensfall eingetreten ist.

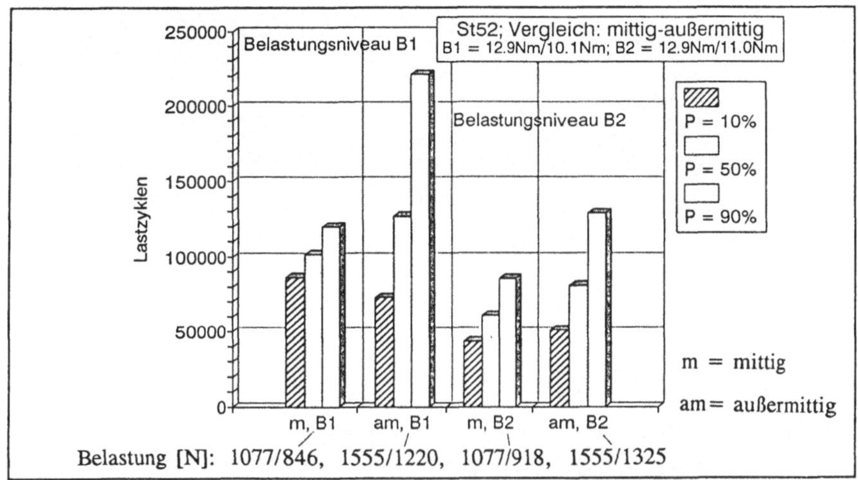

Bild 6.7:   Vergleich der Anrißlebensdauern für 10%, 50% und 90% Anrißwahrscheinlichkeit bei mittiger (m) und außermittiger (am) Krafteinleitung für zwei Belastungsstufen (B1,B2) des Versuchswerkstoffs St52-3

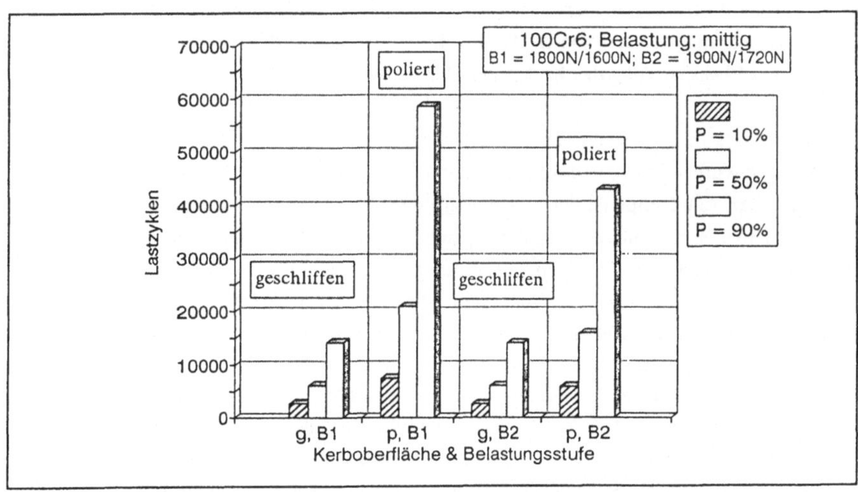

Bild 6.8:   Vergleich der Anrißlebensdauern für 10%, 50% und 90% Anrißwahrscheinlichkeit für Ermüdungsproben aus dem Material 100Cr6 mit geschliffenem (g) und poliertem (p) Kerbgrund für zwei mittig wirkende Belastungsstufen (B1,B2)

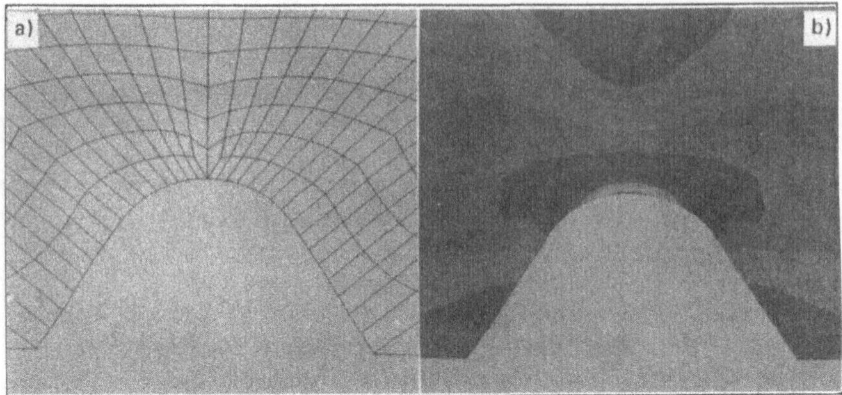

Bild 6.9: Ausschnitt des FE-Modells im Kerbgrund der Biegeprobe: a) FE-Diskretisierung und b) Verteilung der v.Mises-Spannung für das Maximum der Belastungsamplitude (Probenmaterial: 100Cr6, $\sigma_{max} \approx 1600$ N/mm²)

Bild 6.9 zeigt das FE-Modell des untersuchten Kerbradius sowie die Verteilung der v.Mises-Vergleichsspannung für das Belastungsmaximum (100Cr6). Im Falle des Probenmaterials St52-3 erreicht die Vergleichsspannung im Kerbgrund des vorliegenden mittigen Belastungsfalls einen maximalen Wert von ca. 400N/mm². Die lokale Kerbbeanspruchung reicht somit zur lokalen Plastifizierung des Kerbgrunds für den verwendeten St52-3 aus.

Betrachtet man den Verlauf der Oberflächenspannung entlang des Kerbgrundes - die Spannungen wurden hierzu in das lokale Koordinatensystem der Kerboberfläche transformiert - erkennt man zum Zeitpunkt der maximalen Probenbelastung kein ausgeprägtes Spannungsmaximum in der Kerbmitte, **Bild 6.10a**; aufgrund der Plastifizierung wird das erwartete Spannungsmaximum abgebaut und über einen größeren Bereich verteilt.

Nach der Entlastung der Probe geht die Oberflächenspannung bis auf Werte im Druckspannungsbereich zurück. Dies ist auf die elastische Rückfederung der Probe zurückzuführen, die auf die plastisch verformte Oberflächenrandzone nachfolgend eine Druckspannungskomponente ausübt. Hierbei kommt es zu einer geringfügigen Rückplastifizierung des Kerbgrundmaterials. Die resultierende zyklische Dehnungsamplitude setzt sich demnach aus einem elastischen und einem plastischen Anteil zusammen. Darüberhinaus ist zu erkennen, daß die sich einstellende Spannungs-Dehnungsamplitude und mit ihr auch die Werte für σ_m und ϵ_m gemäß Bild 5.2 leicht in den Druckspannungsbereich verschoben sind.

Bild 6.10b zeigt nun den zugehörigen Verlauf der effektiven Verzerrungsenergiedichte ΔW^{eff} (duktiler Bruch) entlang des gezeigten Kerbgrundes. Ferner ist der Verlauf der hydrostatischen Volumenänderungsenergiedichte ΔW^h (Sprödbruch) in die Darstellung mit aufgenommen. Beide Energiedichteverteilungen wurden gemäß Gleichung (5.12) aus den zyklischen Spannungs-Dehnungskomponenten der lokalen FE-Oberflächenergebnisse berechnet. Der hydrostatische Anteil erreicht hierbei in der Kerbgrundmitte sein Maximum, während die effektive Verzerrungsenergiedichte ein breites, achssymmetrisches Plateau vergleichbar hoher Beanspruchung im Kerbgrund aufweist. Diese Verteilung legt die Vermutung nahe, daß die Ermüdungsrißeinleitung für den duktilen St52-3 in einem großen Bereich möglich ist. Für die nachfolgenden Betrachtungen der lokalen Oberflächenermüdung wurde aus diesem Grund die Einflußfläche A_{K_g} eingeführt. Sie wurde als derjenige Oberflächenbereich des Kerbgrunds definiert, auf den mindestens 90% der effektiven Verzerrungsenergiedichte einwirken. Diese Zone, gekennzeichnet durch die Schnittpunkte der 90%-Linie mit der Verteilungskurve von ΔW^{eff}, stellt mit hoher Wahrscheinlichkeit den Ausgangsbereich für Ermüdungsanrisse im Kerbgrund dar.

Betrachtet man die Kerbgrundoberfläche aus dem Experiment mit deutlich sichtbaren Ermüdungsanrissen, findet man diese Vermutung bestätigt, **Bild 6.10c**. Die Anrißbildung trat hierbei nach ca. 91000 Lastzyklen ein. Der Anriß zeigt jedoch keinen geradlinigen Verlauf entlang der Kerbgrundmittellinie, wie vielleicht zu erwarten gewesen wäre, sondern gleicht einer Stufenversetzung, die über einen größeren Einflußbereich verteilt ist. Die Simulation kann diesen Fall der Anrißbildung somit bereits richtig interpretieren.

Für den Fall der außermittigen Probenbelastung ergibt sich ein ähnliches Bild. Die Verteilung der Oberflächenspannung deutet wiederum auf eine ausgedehnte Plastifizierung im Kerbgrund hin, wobei die maximale Belastungsamplitude aufgrund der außermittigen Krafteinleitung einseitig assymmetrisch zur Mittellinie liegt, **Bild 6.11a**. Bei den Verläufen beider Energie-dichteverteilungen in **Bild 6.11b** spiegelt sich diese exzentrische Belastung ebenfalls wieder. Das Maximum des hydrostatischen Energiedichteanteils liegt leicht außermittig; das Maximum der effektiven Verzerrungsenergiedichte ist deutlich in Richtung der Krafteinleitung verschoben. Im dargestellten Belastungsfall ist außerdem ein deutlicher Beitrag der plastischen Verzerrungsenergiedichte zu verzeichnen. Die resultierende Einflußfläche A_{K_g} ist dennoch um etwa den Faktor 0,4 kleiner, als im mittigen Belastungsfall. Die Simulation läßt somit eine engere Rißeinleitungszone als im mittigen Fall erwarten, die leicht außermittig zur Kerbgrundmitte liegt.

Bild 6.11c bestätigt diese Vermutung anhand der experimentell beobachteten Anrißbil-dung auf der Kerboberfläche. Umso erstaunlicher ist jedoch die Tatsache, daß die Anrißlebensdauer trotz der um ca. 25% höheren lokalen Maximalbelastung nach ca. 162000 Lastzyklen deutlich später einsetzt als bei mittiger Krafteinleitung, vgl. **Bild 6.10c** und **6.11c**. Diese Beobachtung wurde bereits auch im Zusammenhang mit **Bild 6.7** gemacht und bestätigte sich für alle durchgeführten mittigen und außermittigen Ermüdungsversuche. Sie legt den Schluß nahe, daß für die Oberflächenermüdung neben der Höhe des lokalen Beanspruchungsmaximums auch die betroffene Einflußfläche A_{K_g} mitverantwortlich ist. Diese ist im mittigen - im Gegensatz zum außermittigen Fall - jedoch wesentlich größer.

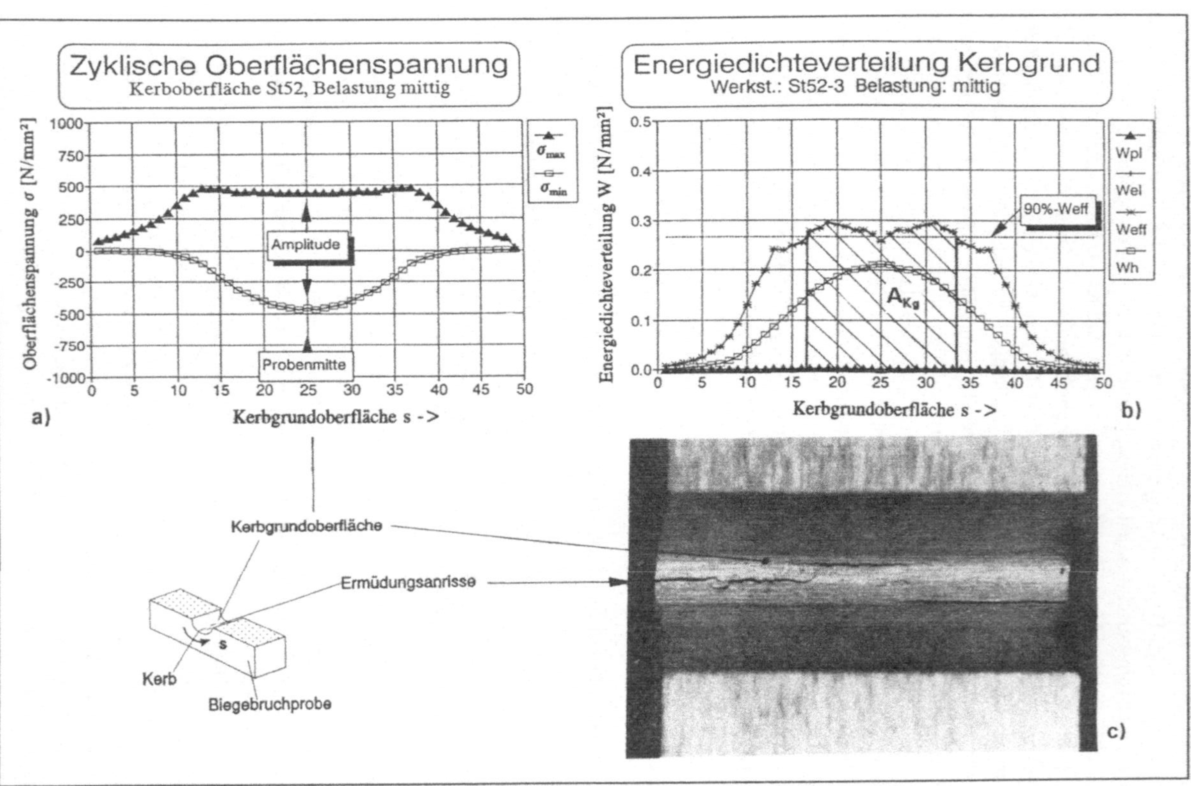

Bild 6.10 a-c:

Zyklische Beanspruchung und Ermüdungsversagen der Kerbgrundoberfläche einer mittig belasteten Drei-Punkt-Biegeprobe aus dem Werkstoff St52-3.

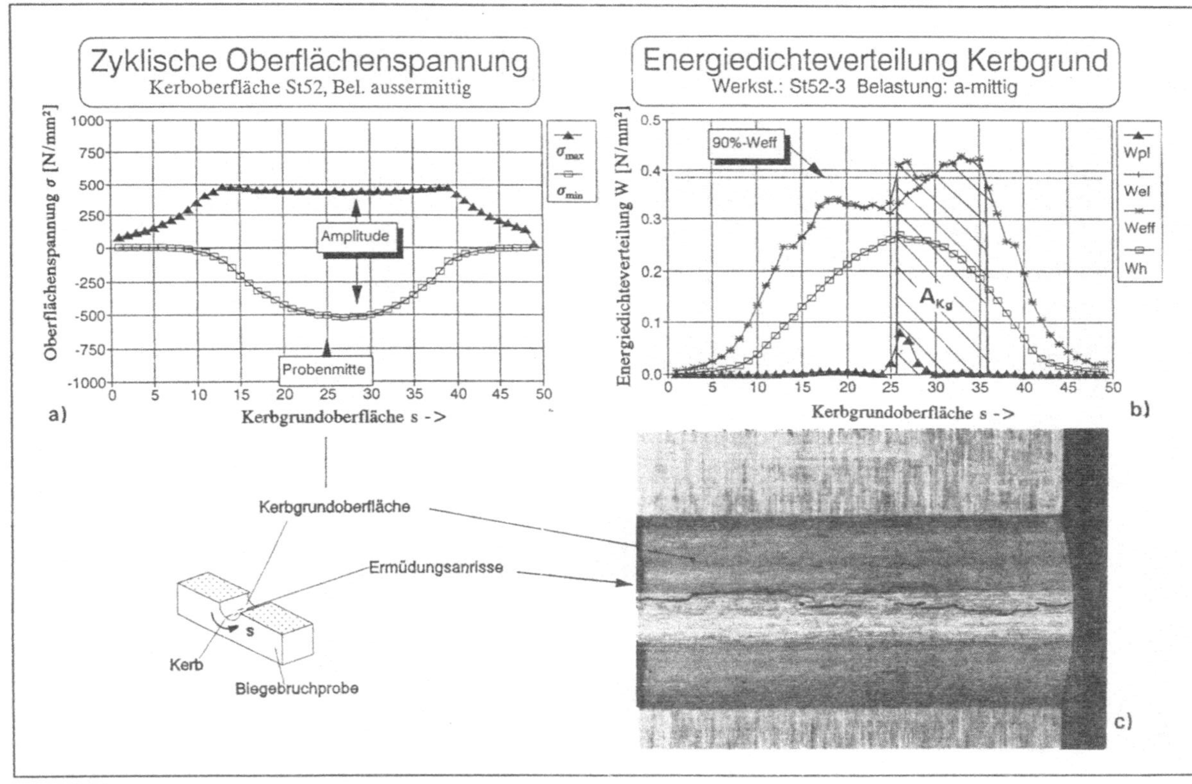

Bild 6.11 a-c:

Zyklische Beanspruchung und Ermüdungsversagen der Kerbgrundoberfläche einer außermittig belasteten Drei-Punkt-Biegeprobe aus dem Werkstoff St52-3.

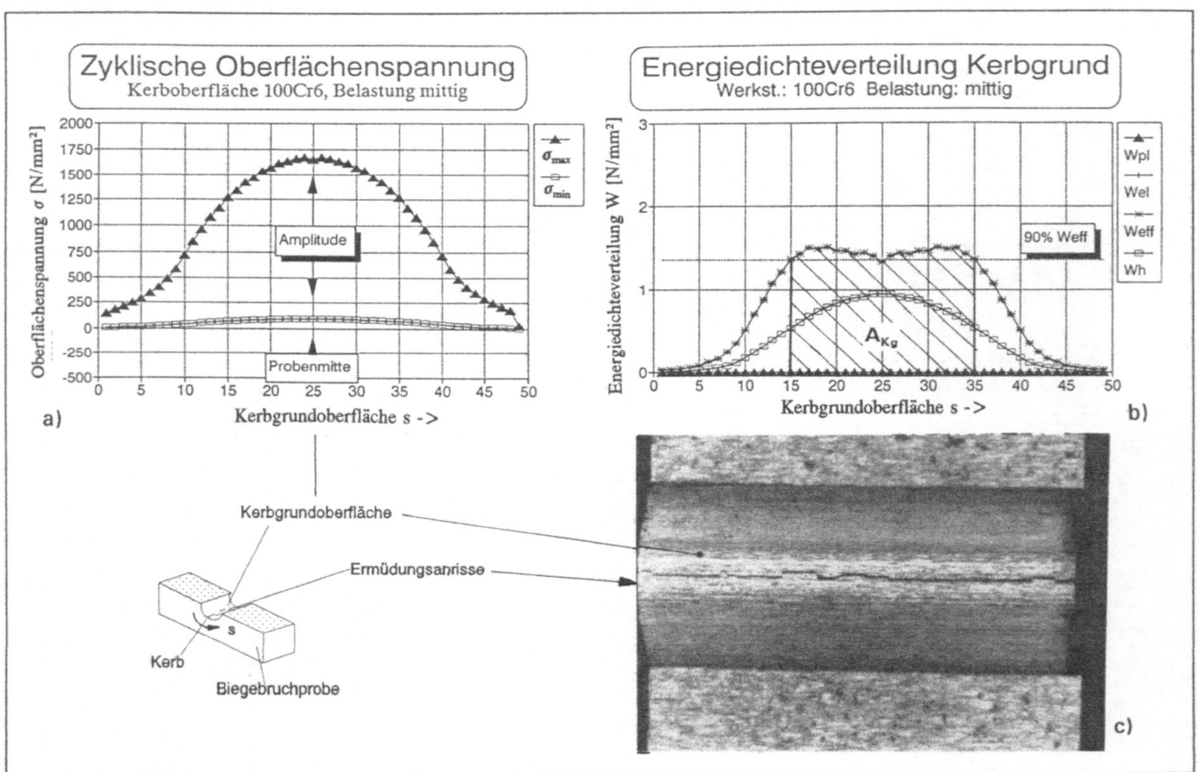

Bild 6.12 a-c:

Zyklische Beanspruchung und Ermüdungsversagen der Kerbgrundoberfläche einer mittig belasteten Drei-Punkt-Biegeprobe aus dem Werkstoff 100Cr6.

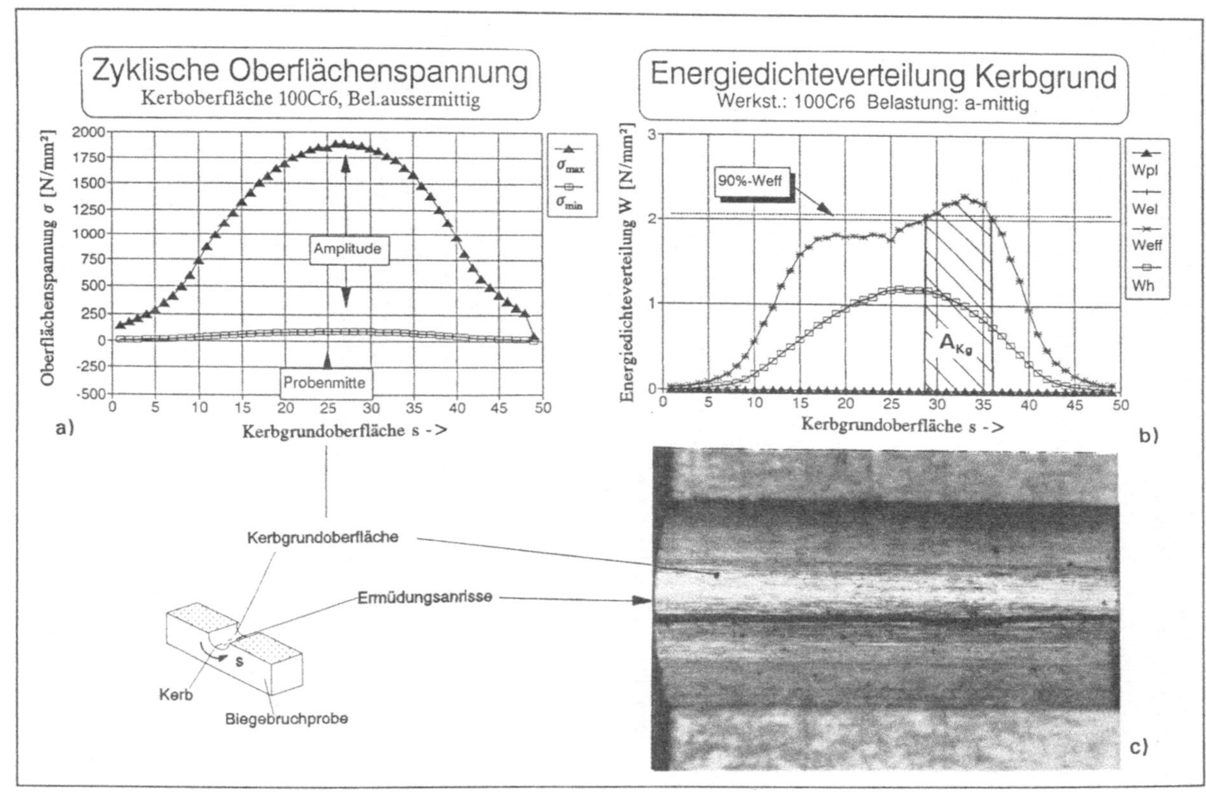

Bild 6.13 a-c:

Zyklische Beanspruchung und Ermüdungsversagen der Kerbgrundoberfläche einer außermittig belasteten Drei-Punkt-Biegeprobe aus dem Werkstoff 100Cr6.

Bei der Betrachtung der Ergebnisse für den Kaltarbeitsstahl 100Cr6 ergibt sich ein leicht verändertes Bild. Aufgrund der wesentlich höheren Probenbelastung liegt hier das Maximum der v.Mises-Vergleichsspannung bei ca. 1500 N/mm² für den mittigen und ca. 1600 N/mm² für den außermittigen Belastungsfall; beide Werte reichen somit bei weitem nicht aus, das spröde Probenmaterial lokal im Kerbgrund zu plastifizieren. Die Probenverformung bleibt dadurch makroskopisch gesehen vollkommen elastisch. Dementsprechend weist die Oberflächenzugspannung für das Belastungsmaximum der Probe exakt in der Kerbmitte ein Maximum auf. Es liegt bei ca.1700 bzw. 1800 N/mm², **Bild 6.12a, Bild 6.13a**. Im außermittigen Fall ist dieses Spannungsmaximum wieder leicht bezüglich der Kerbmitte versetzt. Für den entlasteten Zustand zeigt sich aber aufgrund der voll-elastischen Verformung, im Gegensatz zu den plastifizierten Proben aus St52-3, keine Drucküberlagerung. Der Minimalwert der Beanspruchungsamplitude geht in beiden Belastungsfällen lediglich bis auf einen Restzugspannungswert knapp oberhalb von Null zurück. Diese Grundspannung resultiert aus der statischen Vorspannung der Probe durch die Prüfmaschine.

Die Verteilung der effektiven Verzerrungsenergiedichte zeigt im mittigen wie auch im außermittigen Belastungsfall das von den St52-Proben bekannte Aussehen, **Bild 6.12b, Bild 6.13b**. Die Energiedichteamplitude liegt hierbei allerdings insgesamt deutlich höher. Bei mittiger Krafteinleitung ist wieder ein breites Plateau hoher Oberflächenbeanspruchung festzustellen, während bei außermittiger Belastung die Einflußfläche A_{K_g} maximaler Kerbgrundbeanspruchung wieder beträchtlich kleiner ist und bezüglich der Mittelachse deutlich verschoben liegt. Das Maximum der hydrostatischen Energiedichte ist in direkter Koppelung zum Spannungsmaximum ebenfalls leicht außermittig angeordnet (spröder Normalspannungsbruch). Interessanterweise ist auch für diesen Werkstoff die Anrißlebensdauer im außermittig belasteten Fall mit ca. 31000 Lastwechseln deutlich höher, als bei mittiger Krafteinleitung mit nur ca.12000 Zyklen. Dieser Befund ist zwar auf den ersten Blick verwunderlich, da das verschobene Verzerrungsenergiedichtemaximum ca.30% größer ist, als das des mittigen Belastungsfalls, er unterstützt aber die bereits geäußerte Vermutung, daß die Anrißlebensdauer stark von der beeinflußten Oberfläche abhängt.

In Anlehnung an die Ergebnisse des duktilen Probenwerkstoffs St52-3 ist aufgrund der obigen Ergebnisse auch für die Proben aus 100Cr6 ein vergleichbares Erscheinungsbild der Ermüdungsanrisse im Kerbgrund zu erwarten. Die beobachteten Versuchsergebnisse bestätigen diese Vermutung aber nicht, **Bild 6.12c, Bild 6.13c**. Die Risse sind für beide Beanspruchungsfälle kaum noch stufenbehaftet, wie im Falle des Probenwerkstoffs St52-3, sondern verlaufen auf einen kleinen Einflußbereich konzentriert sehr geradlinig. Bei mittiger Probenbelastung verläuft die Rißlinie fast deckungsgleich mit der Kerbmittelachse, während sie im außermittig belasteten Zustand parallel dazu versetzt verläuft.

Der geradlinige Rißverlauf ohne größere Stufenversetzung läßt sich wie folgt erklären: Bei spröden Materialien führen bereits kleine Oberflächenfehler zum instabilen Bauteilversagen, was bereits durch **Bild 4.1** und **Bild 6.5b** sowohl analytisch als auch experimentell belegt wurde. Der Probengewaltbruch tritt daher schon innerhalb kürzerer Zeit ohne ausgeprägte Ermüdungsphase als Folge des Zusammenwachsens vieler Ermüdungsanrisse ein; die Anrißlebensdauer ist im Vergleich zum duktileren Probenmaterial auch beträchtlich kürzer. Erreicht ein Anriß die kritische Anrißtiefe a_k, breitet er sich instabil in Form eines Fächers in den Probenquerschnitt aus, vgl. **Bild 6.5b**; die Bruchfläche im Kerbgrund erscheint daher geradlinig, **Bild 6.12c, Bild 6.13c**.

Das weitere Rißwachstum im Inneren der Probe ist dazu in **Bild 6.14** dargestellt. Es verläuft zunächst senkrecht zur Oberflächenspannung, d.h. normalspannungsgesteuert, bis es nach einer gewissen Ausbreitungstiefe abknickt. Dieses Wachstumsverhalten trifft auch für die Proben aus St52-3 zu. Der gezeigte Winkel der Rißeinleitungslinie zur Kerbmittelachse ist im außermittigen Fall jedoch nicht konstant sondern streut in einem Winkelbereich von 5-15°. Erheblich größere Streuungen werden auch wieder für die Anrißlebensdauer beobachtet, vgl. **Bild 6.7**, die im Falle des Probenwerkstoffs 100Cr6 mit der Gesamtlebensdauer der Probe gleichzusetzen ist. Das ebenfalls in die Darstellung **Bild 6.14** mit aufgenommene Ergebnis der Rißeinleitungssimulation zeigt eine gute Übereinstimmung von Simulation und Experiment.

Der Vergleich von FE-Beanspruchungsanalyse und Ermüdungsversuch hat somit zunächst gezeigt, daß der Simulationsalgorithmus in der Lage ist, den Ort der Rißeinleitung richtig vorherzusagen. Darüberhinaus zeigte sich auch, daß die Anrißlebensdauer neben der Höhe der lokalen Beanspruchung maßgeblich durch die Beanspruchungszone oder Einflußfläche A_{K_f} mitbestimmt wird, was es bei der Lebensdauerabschätzung unbedingt zu beachten gilt!

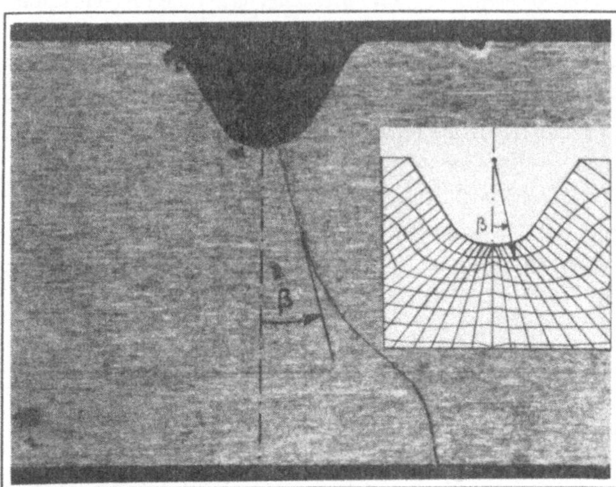

Bild 6.14: Rißeinleitung und Rißverlauf in einer außermittig belasteten Kerbprobe (Material 100Cr6)

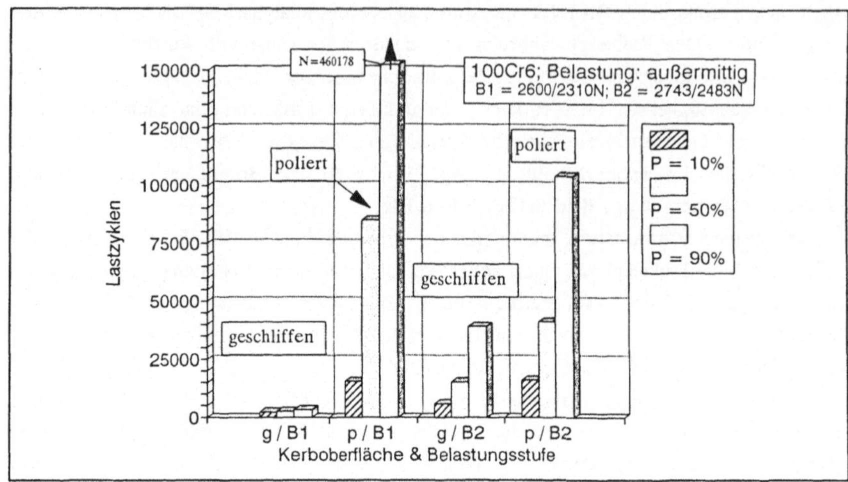

Bild 6.15:   Einfluß der Oberflächenfeinbearbeitung und der Belastung auf die Anrißlebensdauer außermittig belasteter Proben aus 100Cr6

6.2.4 Einfluß der Oberflächenqualität auf die Anrißlebensdauer

Die geringe Anrißfehlergröße bei hartspröden Werkstoffen wie dem untersuchten Kaltarbeitsstahl (vgl. **Bild 4.1**) legt die Vermutung nahe, daß die Oberflächenfeinstruktur einen
deutlichen Einfluß auf den Versagenseintritt hat. **Bild 6.15** zeigt hierzu die Ergebnisse für
zwei außermittige Belastungsserien dieses Werkstoffs. Die statische und dynamische Probenbelastung lag für die Serie B2 um ca. 5% höher als für B1. Die Oberflächenrauheit R_z
unterschied sich bei den einzelnen Proben wie folgt: die geschliffene Probe (g/B1) wies einen
R_z-Wert von 2,85μm auf; für die geschliffene Probe der Serie 2 (g/B2) lag R_z fertigungs-
bedingt bei nur 2,36μm; für die nachpolierten Proben (p/B1) und (p/B2) betrug R_z 1,94μm.

Es ist zu erkennen, daß eine polierte Oberfläche in Abhängigkeit von der anliegenden
Belastung wesentlich bessere Lebensdauerergebnisse liefert. Vergleicht man die beiden
geschliffenen Oberflächen, fällt auf, daß trotz der niedrigeren Belastung die geringfügige
Rauhtiefenzunahme von 0,5μm auf R_z=2,85μm eine sehr starke Abnahme der Anrißlebensdauer bewirkt. Ein ähnliches Verhalten wurde für die St52-3 Proben beobachtet.

Der geringe Unterschied der Anrißwahrscheinlichkeit zeigt darüberhinaus an, daß bei der
größeren Rauhtiefe für die betrachtete Einflußfläche A_{K_g} eine höhere Wahrscheinlichkeit
besteht, schneller einen wachstumsfähigen bzw. kritischen Anriß zu bilden, als bei geringeren
Rauhtiefen. Die Rißinitiierungsphase verkürzt sich dadurch, weil ein wachstumsfähiger
Ermüdungsanriß nicht mehr, wie im Idealzustand einer Oberfläche, vollständig durch den

Ermüdungsprozeß gebildet werden muß. Mit abnehmendem R_z-Wert nimmt diese Wahrscheinlichkeit, d.h. die Häufigkeit einen bereits wachstumsfähiger Anrisse in der Fläche A_{K_g} vorzufinden, ab. Die mittlere Anrißlebensdauer sowie deren Streuung nimmt damit zu.

Neben der Einflußfläche A_{K_g} spielt somit die Oberflächenstruktur in Form der Rauhtiefe R_z sowie deren Orientierung (Oberflächenherstellung!) aufgrund der damit verbundenen statistischen Häufigkeitsverteilung kritischer Oberflächenfehler eine sehr entscheidende Rolle auf den Versagenseintritt. Bei gleicher lokaler Beanspruchung bestimmt letztendlich die reale technische Oberfläche die Versagensgeschwindigkeit. Auf diesen bedeutenden Effekt für die Oberflächenfeinbearbeitung von Umformwerkzeugen - die aus diesem Grunde immer poliert werden sollten - wurde bereits mehrfach hingewiesen, vgl. auch **Bild 6.20**.

6.2.5 Einfluß lokaler Oberflächeneigenschaft auf die Anrißlebensdauer

Die Eigenschaften der versagensbestimmenden technischen Oberfläche werden über die Einflußfläche und die statistische Fehlerverteilung hinaus auch entscheidend durch den Druckeigenspannungszustand, die Werkstoffmikrostruktur und die lokale Härte bestimmt. Auf den Einfluß des Oberflächengefüges soll an dieser Stelle nicht weiter eingegangen werden; er bietet aber einen möglichen Ansatzpunkt zur Anrißoptimierung seitens der Werkstoffwahl /20,24/. Auf den positiven Einfluß von herstellungsbedingten Druckeigenspannungen in der Werkzeugoberfläche wurde bereits von *Hettig* /21/ hingewiesen. Eine Hartstoffbeschichtung weist sich dabei, neben den positiven Einflüssen auf die Verschleißeigenschaften, in bezug auf die Rißinitiierung besonders durch Druckeigenspannungen in der Oberflächenrandzone aus, die aus dem Beschichtungsprozeß resultieren /16/. Die Anrißlebensdauer kann dadurch wesentlich gesteigert werden. Vergleichbare Ergebnisse wurden im Rahmen dieser Arbeit durch exemplarische PVD-Beschichtung der 100Cr6-Proben erzielt. Lag die Lebensdauer der polierten Proben bei ca. 12000 Lastzyklen, wurde bei den zusätzlich beschichteten Proben teilweise nach über 4×10^6 Lastzyklen noch kein Ermüdungsanriß festgestellt! Sobald die Beschichtung jedoch einen Fehler, beispielsweise infolge einer Beschädigung (Anritzen), aufwies, trat das Gewaltversagen relativ rasch unterhalb von 15000 Lastzyklen ein.

Auch die lokale Härte beeinflußt die Anrißlebensdauer. Mit Hilfe des Laserstrahls ist es möglich den Kerbgrund nachträglich einer weiteren lokalen Wärmebehandlung zu unterziehen /5,95/. Entsprechend der eingebrachten Wärmemenge und der sich einstellenden Abkühlgeschwindigkeit, die von der eingestrahlten Laserleistung und der Verfahrgeschwindigkeit abhängen, läßt sich entweder eine partielle Härtung oder eine lokale Erweichung der oberflächennahen Randzone bewirken. **Bild 6.16** stellt das Ergebnis der Laseroberflächenbehandlung (l) auf das Anrißverhalten für zwei Bearbeitungsparameter (Vorschubgeschwindigkeit v=0,2 und 0,05 m/min) im Vergleich zur geschliffenen (g) und polierten (p) Oberfläche dar. Bei der schnelleren Verfahrgeschwindigkeit (Laserleistung $P_L = 1000W$) zeigte sich aufgrund einer Steigerung der Mikrohärte im Kerbgrund ein Anstieg der Anrißlebensdauer. Für die langsamere Verfahrgeschwindigkeit von 0,2m/min wurde hingegen eher eine leichte Verschlechterung beobachtet, da die Kerboberfläche leicht angelassen und damit erweicht wurde.

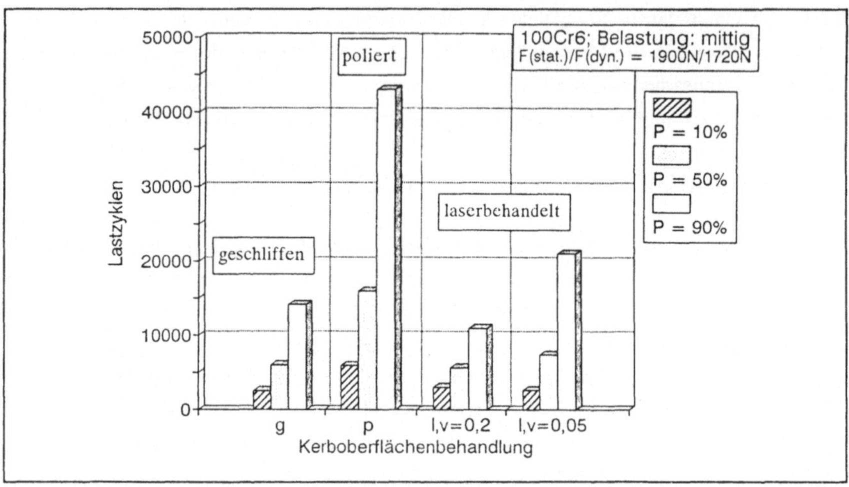

Bild 6.16:   Vergleich der Anrißlebensdauer für mittig belastete Proben aus 100Cr6 mit geschliffenem (g), poliertem (p) und laserbehandeltem (l) Kerbgrund

Eine Erklärung hierfür ist in der unterschiedlichen plastischen Verformung aufgrund der Materialaufhärtung des Kerbgrunds zu suchen. Wird der Werkstoff härter steigt seine Schwingfestigkeit an und seine Verformung folgt gleichzeitig länger der elastischen Geraden, wodurch sich bei gleicher makroskopischer Dehnung des Kerbgrundes die zyklische plastische Dehnungsamplitude verringert. Die Hysteresschleife wird dadurch verjüngt und länger, so daß der dissipierte plastische Verzerrungsenergieanteil, der normalerweise im Bereich des *'low cycle fatigue'* dominiert, deutlich abnimmt, **Bild 6.17b**. Die verbleibende, betragsmäßig kleinere elastische Verzerrungsenergie verursacht aufgrund der höheren Schwingfestigkeit des gehärteten Gefüges eine geringere, zyklische Materialschädigung und bewirkt damit einen späteren Versagenseintritt. Wird während des Härtungsprozeß ein Aufschmelzen der Randzone vermieden, kann der positive Effekt der Materialaufhärtung zusätzlich durch volumetrischen Druckeigenspannungen in der Randschicht unterstützt werden, die auf den Gefügeumwandlungsprozeß bei der Martensithärtung zurückzuführen sind /95/.

Wird das Material hingegen erweicht, d.h. duktiler, nimmt die zyklische Plastizität zu und die Schwingfestigkeit gleichzeitig ab. Daraus resultiert eine Vergrößerung der Hystereseschleife, weshalb aufgrund der zusätzlich geringeren Materialfestigkeit eine Abnahme der Anrißbeständigkeit gegenüber zyklischer Ermüdung festzustellen ist, **Bild 6.17b**. Auf der anderen Seite läßt sich durch diese Maßnahme lokal die Duktilität des Grundmaterials wesentlich erhöhen, so daß für den Fall einer geringen Belastungsamplitude ohne nennenswerte Rückplastifizierung (kleine Hystereseschleife!) aber sehr hoher statischer Grundbelastung (Vordehnung), das Risiko der spontanen Sprödbruchinitiierung deutlich herabgesetzt werden kann.

Bei einer optimierten Prozeßführung können die Ergebnisse dieser Vorversuche somit eine interessante Möglichkeit zur lokalen Oberflächenvergütung hinsichtlich der Verzögerung von Sprödbruch oder Ermüdungsrißeinleitung darstellen. Vergleichbare Optimierungsstrategien liegen hierzu bereits zur Verschleißverminderung vor /5,95/.

Auch der lebensdauersteigernde Effekt von Maßnahmen zur Einbringung von lokalen Druckeigenspannungen in die Oberflächenrandzone, hierbei seien nur Verfahren wie Kugelstrahlen oder Hartstoffbeschichtungen erwähnt, kann am Modell der modifizierten Hystereseschleife beschrieben werden, **Bild 6.17a**. Druckeigenspannungen verschieben die Hystereseschleife in den Druckbereich und führen damit zur Abnahme der effektiv wirksamen elastischen Verzerrungsenergiedichte; die Schädigungsrate wird dementsprechend kleiner.

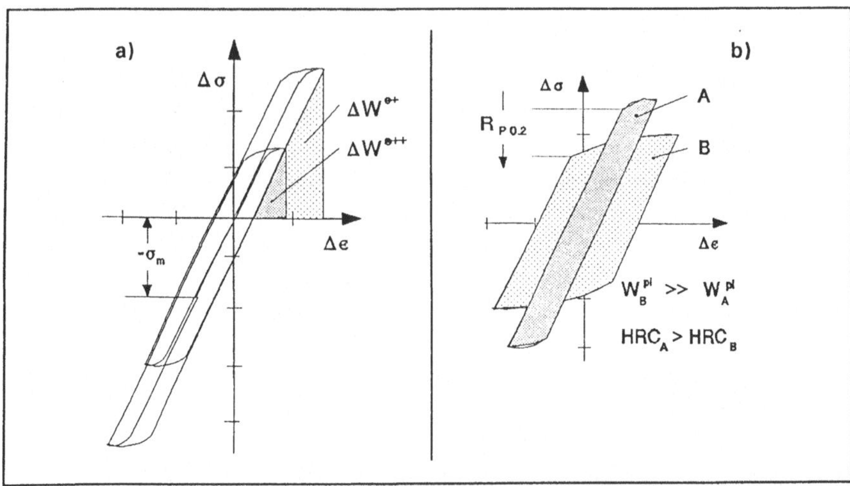

Bild 6.17: Einfluß von a) Druckeigenspannung und b) Werkstoffhärte auf die Simulation der effektiven Verzerrungsenergiedichte

In der Simulation können auf diese Weise die Auswirkungen von unterschiedlichen Werkstoffhärten oder Druckeigenspannungszuständen auf das Schädigungsverhalten berücksichtigt werden, vgl. **Bild 7.3**. Die entsprechenden Materialeigenschaften oder Eigenspannungszustände der Oberflächenrandzone lassen sich dabei z.B. durch 'Beschichtung' der Grundstruktur mit sehr dünnen Schalenelementen /93/ problemlos auf das FE-Modell übertragen. Das Auftragen einer solchen Elementschicht empfiehlt sich ohnedies, da durch den ESZ-Ansatz dieser Elemente wesentlich exaktere Ergebnisse der Oberflächenspannungen erzielt werden können als mit Kontinuumselementen. Es ist somit möglich, die Tendenz unterschiedlicher Oberflächenbehandlungsmaßnahmen hinsichtlich der Lebensdauersteigerung bereits am Simulationsmodell zu überprüfen. Die beispielsweise durchgeführte Überlagerung der Oberflächenspannungskomponenten durch Druckeigenspannungen, als Folge einer fiktiven Hartstoffbeschichtung des FE-Modells - angenommen wurden hierbei 2000 N/mm^2 in Axial- und Tangentialrichtung /16/ -, erbrachte auch für die Simulation eine Steigerung der Anrißlebensdauer auf weit über 10^6 Lastzyklen!

6.2.6 Numerische Überprüfung der Versuchsergebnisse mittels des Versagenskonzepts

Die Beurteilung der Rißinitiierungsgeschwindigkeit ist - neben der Lokalisierung des Versagensbeginns - für den Anwender die Hauptaufgabe der Versagenssimulation. Im direkten Vergleich von Simulations- und Versuchsergebnis galt es daher, den entwickelten Simulationsansatz anhand der durchgeführten Versuchsvariationen auf seine Leistungsfähigkeit und Genauigkeit hin zu überprüfen. Hierbei interessierte vor allem, ob der Ansatz in der Lage ist, die Auswirkungen der verschiedenen Ermüdungsparameter, wie statische Mittelspannung, dynamische Belastungsamplitude oder überlagerte Schubspannung für die beiden sehr unterschiedlichen Probenwerkstoffe qualitativ und quantitativ nachzuvollziehen.

Durch Modifikation des implementierten Versagensansatzes bzw. der Randbedingungen des FE-Modells konnte anhand des experimentellen Versagensbildes der Einfluß verschiedener Modellannahmen auf die Lebensdauerabschätzung analysiert sowie deren Richtigkeit bestätigt werden. Bei dieser Überprüfung zeigte sich, daß der Ansatz in der vorgeschlagenen Form die beste Übereinstimmung mit den Versagensergebnissen liefert. Hierunter fallen der gewählte Weg der Spannungstransformation in lokale Oberflächenkoordinaten, die numerische Berechnung und alleinige Berücksichtigung der deviatorischen Spannungs-Dehnungsamplituden sowie die Art der Berücksichtigung von Schubspannungskomponenten und Mittelspannungseinflüssen. Einen großen Einfluß auf die Ergebnisgenauigkeit hat ferner die Wahl des ebenen Spannungs- bzw. Dehnungszustandes bei der FE-Modelldefinition /96/ und die damit verbundene Korrektur des Lebensdauerdiagramms (vgl. **Bild 5.6**, Gl.(5.19a,b)) sowie die unzureichende Beschreibung des FE-Materialverhaltens bei Vorhandensein einer ausgeprägten Streckgrenze (z.B. St52-3) und kleinen plastischen Dehnungen /96/.

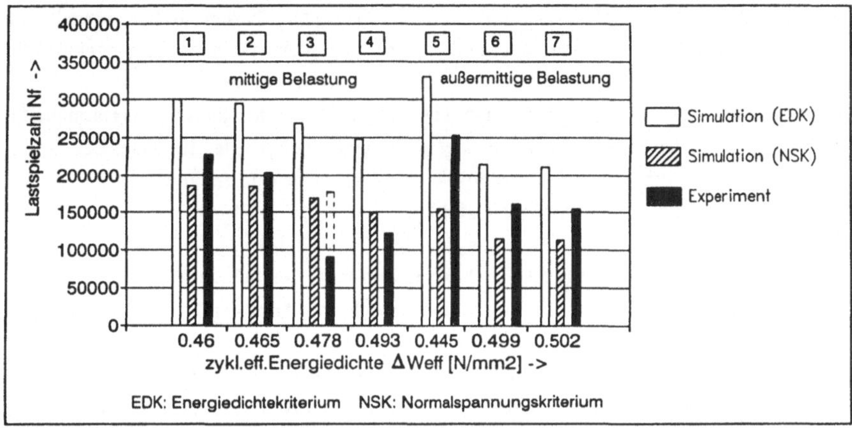

Bild 6.18: Vergleich der Anrißlebensdauer für Simulation und Ermüdungsversuch (Probenwerkstoff: St52-3)

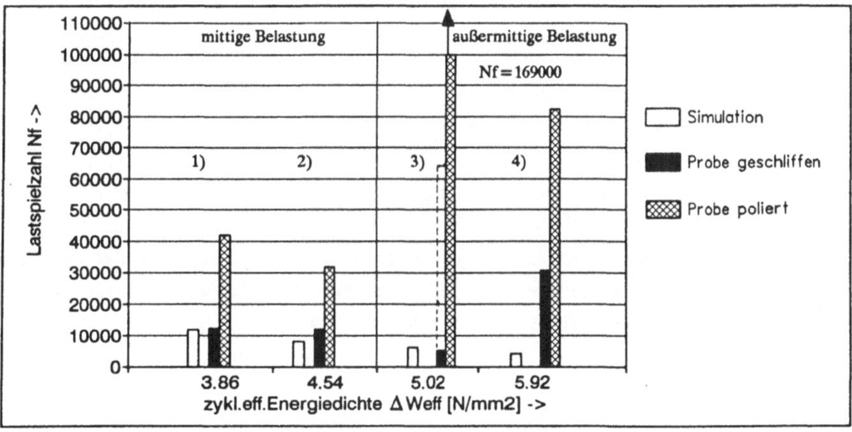

Bild 6.19: Vergleich der Anrißlebensdauer für Simulation und Ermüdungsversuch (Probenwerkstoff: 100Cr6)

Ein ungelöstes Problem stellt weiterhin die fehlende Berücksichtigung der Oberflächenqualität sowie der Beanspruchungszone A_{K_g} im Simulationsmodell dar. **Bild 6.18** und **Bild 6.19** zeigen im folgenden die zusammengefaßten Vergleichsdarstellungen.

Die darin enthaltenen Ergebnisse wurden gemäß dem Wert ihrer zyklischen Oberflächenbeanspruchung, die sich aus den unterschiedlichen Kombinationen von dynamischem und statischem Lastanteil ergaben, sortiert. Die linken Ergebnisbalken stellen jeweils die Simulationsergebnisse nach dem Energiedichtekriterium dar (Gl.(5.9)), die rechten die experimentell ermittelten Anrißlebensdauern für eine Anrißwahrscheinlichkeit von $P=50\%$. Die Ergebnisse der mittigen Versuchsreihen (m) sind in der linken Diagrammhälfte abgebildet, die der außermittig (am) belasteten in der rechten Hälfte. Im Falle des St52-3 wurden zusätzlich die Simulationsergebnisse des Normalspannungskriteriums mit in die Vergleichsdarstellung aufgenommen (Gl.(4.11)).

Die Darstellung für den Probenwerkstoff St52-3, **Bild 6.18**, zeigt überblicksmäßig eine gute tendenzielle Übereinstimmung von Ermüdungsversuch und Anrißsimulation. Das Energiedichtekriterium liefert hierbei eine etwas konservativere Abschätzung als das Normalspannungskriterium. Die zusätzlich für einige Belastungsfälle durchgeführten Vergleichsrechnungen unter Ansatz des zyklischen Materialverhaltens (vgl. Bild 5.1) - sie wurden nicht mit in die Darstellung aufgenommen - ergaben nahezu identische Ergebnisse. Ferner ist der angesprochene Einfluß der Probenoberfläche auf das Anrißverhalten festzustellen, der aufgrund des duktilen Materialverhaltens allerdings nur mäßig ausfällt. Die Zunahme der Anrißbeständigkeit mit abnehmender Einflußfläche A_{K_8} bei außermittiger Belastung kann von der Simulation aber, wie zu erwarten, nicht nachvollzogen werden kann. Das gleiche trifft auf den Einfluß der Oberflächenqualität zu, was anhand der Abnahme der Anrißlebensdauer durch eine herstellungsbedingte Verschlechterung der Oberflächenrauheit von $R_z=3,25\mu$m auf $R_z=4,7\mu$m am Beispiel der Versuchsgruppe 3 (gestricheltes Ergebnis) erkenntlich ist.

Ein anderes Bild zeigt hingegen die Darstellung für den hartspröden Werkstoff 100Cr6, **Bild 6.19**. Hier ist ein sehr großer Einfluß der Oberflächenqualität und der Größe der Einflußzone maximaler Beanspruchung zu beobachten, der von der Simulation nicht nachvollzogen werden kann. Dargestellt ist wieder die Gegenüberstellung bei mittiger und außermittiger Belastung, wobei bei den experimentellen Ergebnissen darüberhinaus zwischen Proben mit geschliffenem Kerbgrund mit Rz=2,4μm und solchen mit nachpoliertem Kerbgrund mit Rz=1,9μm unterschieden wird.

Bei den experimentellen Ergebnissen fällt auf, daß, wie aus **Bild 6.8** bereits bekannt, die nachpolierten Oberflächen in allen Fällen ein wesentlich besseres Anrißverhalten zeigen als die geschliffenen Proben. Auch der umgekehrte Fall ist zu finden: als Folge einer chargenbedingten Verschlechterung der Oberflächenqualität im Fall der geschliffenen Proben der Gruppe 3 von Rz=2,4μm auf Rz=2,9μm weicht das ermittelte Anrißverhalten deutlich von dem bei unveränderter Kerbgrundqualität zu erwartenden ab (gestrichelte Säule) und verschlechtert sich. Darüberhinaus fällt auf, daß im Fall der außermittigen Belastung die Anrißlebensdauer trotz höherer Oberflächenbeanspruchung stark ansteigt. Die Simulation liefert hierzu in allen Fällen deutlich abweichende Werte.

Zusammenfassend kann der Ergebnisvergleich wie folgt bewertet werden: Der vorgestellte Simulationsansatz ist in der Lage mehrachsige Spannungszustände mit überlagerten statischen Mittelspannungsanteilen in Abhängigkeit der lokalen Oberflächenbeanspruchung qualitativ richtig zu beurteilen und zu differenzieren. Der Einfluß der realen technischen Oberfläche, d.h. die Oberflächengüte sowie die effektiv wirkende Einflußfläche A_{K_g} können aber noch nicht berücksichtigt werden. Darüberhinaus zeigen sich auch, als Folge der verschiedenen Anrißmechanismen, deutliche Unterschiede für duktiles und sprödes Materialverhalten.

Für duktiles Material ist der Ansatz durchaus in der Lage, eine für den Anwender sehr befriedigende Abschätzung der Anrißlebensdauer N_i zu liefern. Geht man von einer ESZ-Betrachtung aus, kommen zwei verbleibende Einflußgrößen als Störfaktoren in Betracht: 1) eine zu grobe FE-Diskretisierung der Kerboberfläche und 2) eine unzureichende Beschreibung der ausgeprägten Streckgrenze des Werkstoffs, was zu einer Unterschätzung der plastischen Dehnung in diesem Bereich der Fließkurve in der FE-Analyse führt. Die Verwendung des zyklischen Materialverhaltens bei nahezu gleichen Ermüdungsergebnissen hat jedoch gezeigt, daß diesem Effekt keine sehr große Bedeutung zukommt.

Für den hartspröden Kaltarbeitsstahl dominiert der Einfluß der technischen Oberfläche und die Bedeutung der Ermüdungsphase bei der Bildung eines wachstumsfähigen Anrisses tritt zurück. Die fehlende Berücksichtigung der Mikrostruktur und der Mikroplastifizierung im FE-Modell spielt hierbei mit Sicherheit eine große Rolle. In diesem Zusammenhang stellt sich für den empfindlichen Werkstoff die Frage, ob die Übertragung der Literaturwerte auf die Simulation mit Blick auf die zumeist fehlenden Angaben über Oberflächenfeinbearbeitung und das exakte Verhalten der Mikrostruktur (Wärmebehandlung etc.) überhaupt möglich ist. Zur Vermeidung grober Übertragungsfehler wurde im Rahmen der Untersuchungen ein intensiver Vergleich der vorliegenden Materialangaben und der Werkstoffeigenschaften der untersuchten Ermüdungsproben durchgeführt. Hierbei wurden nur geringfügige Abweichungen festgestellt, so daß von einem Ermüdungsverhalten ausgegangen werden konnte, das dem der Literaturangaben entsprach.

Dieser Punkt - d.h. fehlende oder unzureichend dokumentierte Materialangaben aus der Literatur oder entsprechenden Datensammlungen - bleibt jedoch ein genereller Schwachpunkt der Versagenssimulation; die Übertragung eines Problems auf *"ähnliche"* Werkstoffeigenschaften mit verfügbaren Materialangaben kann zu sehr stark abweichenden und unzuverlässigen Ergebnissen führen und bedarf äußerster Vorsicht.

Die vorgestellte Methode bietet jedoch trotz aller Schwierigkeiten eine zuverlässige Methode zur vergleichenden Beurteilung von zyklischen Oberflächenbeanspruchungen als Ergebnis der FE-Analyse, die von vergleichbaren, lokalen Spannungs-Dehnungs-Ansätzen nicht gelöst werden können. Sie bietet darüberhinaus die Möglichkeit lokale Einflußfaktoren wie Druckeigenspannungen oder örtliche Erweichung zu berücksichtigen. Hiermit ist es dem

Anwender möglich, im Vergleich mit bekannten Versagensergebnissen, positive und negative Auswirkung konstruktiver Änderungen auf die Lebensdauer seines Bauteils zu beurteilen.

Eine zufriedenstellende Übertragung von Simulationsergebnissen auf reale Anwendungsfälle, ausgehend von labormäßig ermittelten Ermüdungskennwerten, wird zukünftig jedoch nur durch Kombination einer statistischen und numerischen Beschreibung der technischen Oberfläche gelingen. Zu diesen Einflußfaktoren zählen, wie berichtet, in erster Linie:

- Die Größe der Einflußfläche A_{Kg}
- Die Grundhärte der Oberflächenrandzone HRC (elastischer Einfluß!)
- Die Höhe der lokalen Oberflächenbeanspruchung ΔW^{eff}
- Der Eigenspannungszustand der Oberflächenrandfaser σ_m
- Die statistische Häufigkeitsverteilung von Oberflächenfehlern als Funktion der Oberflächenrauhtiefe R_z

Für die zuverlässige Simulation der Oberflächenermüdung ist eine entsprechende Berücksichtigung dieser Faktoren unerläßlich. Einen denkbaren Weg stellt die Korrektur der Lebensdauerberechnung durch eine entsprechende Korrekturfunktion dar. Die bekannte Grundgleichung der Lebensdauerabschätzung Gl.(5.9) bietet hierzu die Möglichkeit, den Einfluß der realen technischen Oberfläche durch einen Korrekturterm der Form $Y(R_z, A_{Kg}, HRC, \sigma_m)$, als Funktion der Einflußfläche, der Oberflächenrauheit, der lokalen Härte und verfahrensbedingter Eigenspannungen mit in die Simulationsrechnung bei der FE-Ergebnisauswertung einfließenzulassen.

Ausgehend von dieser Überlegung nimmt die Lebensdauergleichung dann die Form an:

$$2N_f = 10^{\frac{-2\sqrt{z}\cdot\sqrt{\log(\Delta W^f)\cdot(b-c)+(c+b)^2 z+A\cdot(c-b)-2z(b+c)}}{(b-c)}}\, Y(R_z, A_{Kg}, HRC, \sigma_m) \tag{6.1}$$

Dieser Punkt ist zur Zeit Gegenstand weiterer intensiver Forschungsaktivitäten /90/.

6.3 Simulation des Anrißverhaltens am Fallbeispiel einer Fließpreßmatrize

Im letzten Kapitel wurde über die Bedeutung technischer Oberflächeneinflüsse bei der Übertragung von Simulationsergebnissen auf reale Anwendungsfälle berichtet und eine Möglichkeit zur Erfassung diese Effekte im Simulationsmodell aufgezeigt. Beim derzeitigen Stand der Entwicklungen ist eine Berücksichtigung der Oberflächenparameter allerdings noch nicht möglich. **Bild 6.20** unterstreicht in diesem Zusammenhang aber erneut die Notwendigkeit zur Simulation derartiger Randeinflüsse am Beispiel der Auswirkungen der Oberflächenfeinbearbeitung auf die Anrißlebensdauer sowie den weiteren Versagensverlauf einer Fließpreßmatrize aus dem Kaltarbeitsstahl X155CrMoV121 /20/. Dargestellt ist hierbei das mit Hilfe des Wirbelstromverfahrens gemessene Anrißverhalten einer geschliffenen und einer zusätzlich polierten Fließpreßmatrize bis zu einer Anrißtiefe von ca. 0,5mm. Wird die weitere Rißausbreitung bis zu einer Tiefe von ca. 3mm verfolgt, erreicht das ohne weitere Nachbehandlung geschliffene Werkzeug diese Rißtiefe bereits nach 1100 Lastzyklen d.h. gefertigten Teilen, während für das polierte Werkzeug hierzu immerhin 2200 Lastzyklen benötigt werden. Aufgrund dieser großen Abweichungen kann eine Simulation ohne Berücksichtigung der ursächlichen Oberflächeneinflüsse nur sehr unzuverlässig sein.

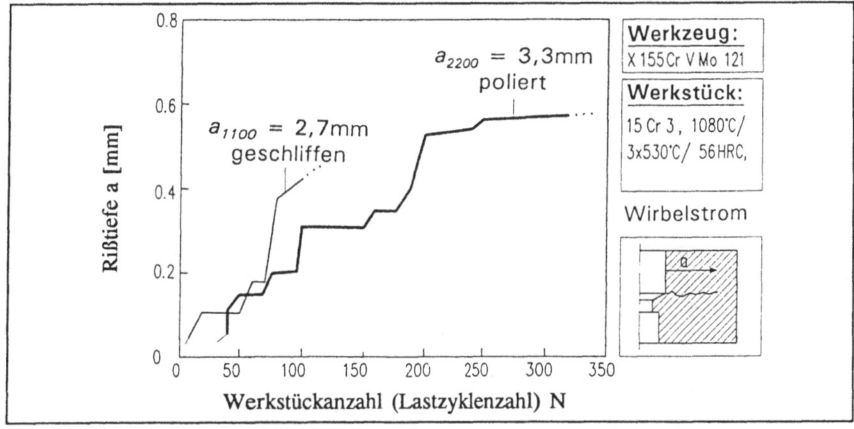

Bild 6.20:   Einfluß der Oberflächenfeinbearbeitung auf das Anrißverhalten und das weitere Rißwachstum einer Fließpreßmatrize aus Kaltarbeitsstahl (n. *Reiss*)

Insofern interessiert es, die Vorhersagegenauigkeit der derzeit realisierten Simulationssoftware an diesem praktischen Beispiel zu überprüfen. Einschränkend muß an dieser Stelle aber bemerkt werden, daß selbst für diesen Fall eines in der Praxis weitverbreiteten Werkzeugwerkstoffs die Frage der unzureichenden bzw. fehlenden Werkstoffkennwerte ein fast unlösbares Problem darstellt. Die Unzuverlässigkeit der Angaben zu den Ermüdungsversuchen - wie z.B. der Qualität der Probenoberfläche - spielt dabei eine entscheidende Rolle. Im vorliegenden Fall konnten die benötigten Parameter deshalb auch nur näherungsweise graphisch aus den in /20/ gegebenen spannungskontrollierten Zeitfestigkeits- (Wöhler-) diagrammen für den elastischen Bereich ermittelt werden: $b = 0,114$, $\sigma_f' = 1600$ N/mm². Hierbei wurde eine Härte von 62HRC und eine Probenrauhtiefe von $R_z < 0,5 \mu m$ zugrundegelegt, was den experimentellen Vergleichswerkzeugen entsprach. Eine große Verfälschung infolge des Oberflächeneinflusses war deshalb nicht zu befürchten; aufgrund der hohen Grundhärte erschien auch die Vernachlässigung des ohnehin geringen plastischen Einflusses für eine erste Abschätzung gerechtfertigt.

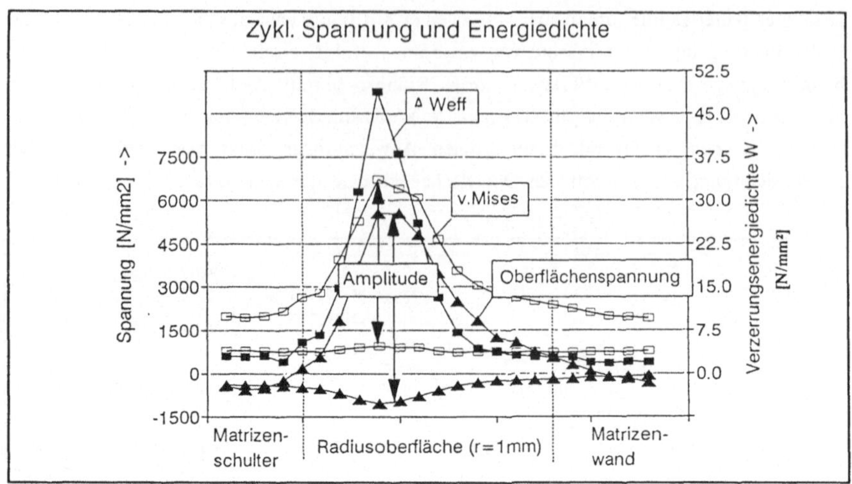

Bild 6.21:   Amplitude der Oberflächenbeanspruchung entlang des Übergangsradius einer Fließpreßmatrize für σ_{11}, σ_v und ΔW^{eff}.

Bild 6.21 zeigt nun abschließend das Ergebnis der Anrißsimulation am Beispiel des Übergangsradius (r=1mm) der Fließpreßmatrize. Dargestellt sind zum einen die Maxima und Minima der Oberflächenspannung σ_{11} und der Vergleichspannung σ_v entlang der Radiusoberfläche zur Verdeutlichung der zyklischen Beanspruchungsmaxima. Zum anderen ist diesen Kurven die aus der Gesamtbeanspruchung resultierende, zyklische effektive Verzerrungsenergiedichte ΔW^{eff} überlagert. Es zeigt sich in allen drei Fällen eine konzentrierte Belastungsspitze in der ersten Hälfte der Radiusoberfläche, wo der Versagenseintritt auch beobachtet wird, vgl. **Bild 2.3**. Die Simulation sagt hierfür eine Anrißlebensdauer von $N_i \approx 25$ Lastzyklen voraus, im Fall eines vergrößerten Radius (r=2,5mm) werden ca.200 Lastzyklen ermittelt (vgl. **Bild 7.1**). Beide Simulationsergebnisse stimmen trotz der unbefriedigenden Randbedingungen sehr gut mit den Realfällen überein. Es kann daraus geschlossen werden, daß die Versagenssimulation eine durchaus solide Grundlage für die Lebensdauerabschätzung und nachfolgende Werkzeugoptimierung darstellt.

7.   Anwendung der Versagenssimulation zur Werkzeugoptimierung

Mit der Versagenssimulation steht wie gezeigt ein neuer und leistungsfähiger Postprozessor-Baustein der FE-Analyse zur Lebensdauerabschätzung zur Verfügung. Herkömmliche Beanspruchungsparameter der lokalen Oberflächenbelastung wie z.B. die v.Mises-Vergleichsspannung, die sich graphisch zwar einfach darstellen und interpretieren lassen, stellen für die Versagensbeurteilung aber noch kein direktes Maß der lokalen Werkstoffermüdung dar, vgl. **Bild 6.21**. Eine unmittelbare Interpretation der vorliegenden Bauteilbeanspruchung im Sinne einer versagenskritischen Lebensdauerabschätzung ist somit noch nicht gegeben. Sie wäre für eine schnelle Konstruktionsbeurteilung bei der Werkzeugauslegung aber durchaus wünschenswert.

Gerade hierin liegt einer der entscheidenden Vorteile des vorgestellten Versagenskonzepts. Unter Berücksichtigung lokaler Einflußgrößen wie überlagerter Druckspannungen oder Randschichtplastifizierungen erlaubt das Konzept der lokalen Verzerrungsenergiedichte die Darstellung der resultierenden Oberflächenbeanspruchung in Form eines Lebensdauerprofils, **Bild 7.1**. Der lokale Beanspruchungswert der zykl. Verzerrungsenergiedichte ΔW^{eff} gestattet hierbei die unmittelbare Abschätzung des lokalen Versagenseintritts. Die Schädigungsrate des Beanspruchungsmaximums, d.h. die lokale Versagensgeschwindigkeit der Oberfläche, bestimmt letztendlich als das "schwächste Glied" der Konstruktion die Gesamtlebensdauer des betrachteten Werkzeugs. Ähnlich dem Ergebnis der Verschleißsimulation - dem Verschleißprofil der Werkzeugoberfläche - ermöglicht das Lebensdauerprofil der Oberflächenermüdung eine rasche graphische Versagensbeurteilung.

Aufbauend auf den Erkenntnissen der Versagenssimulation läßt der gezielte Einsatz von Ingenieur Know-how oder die weiterführende Anwendung von rechnergestützten Optimierungsmaßnahmen eine deutliche Eingrenzung der bisher üblichen "Trial and Error"-Verfahren zur Steigerung der Werkzeuglebensdauer erwarten. Die Wahl der eingeschlagenen Optimierungsstrategie verliert auf diese Weise ihren zumeist empirisch zufälligen Charakter und wird wesentlich zielgerichteter. Die für begrenzte Werkzeugvarianten einzusetzende deterministische bzw. stochastische Lebensdauervorhersage wird durch eine flexible und werkzeugunabhängige Lebensdauerbeurteilung ersetzt.

Die folgenden Anwendungsbeispiele sollen verdeutlichen, wie Werkzeugdiagnose und Versagenssimulation dazu beitragen, die Entscheidungsfindung des Ingenieurs sowie neue rechnergestützte Optimierungsansätze zu unterstützen /97/.

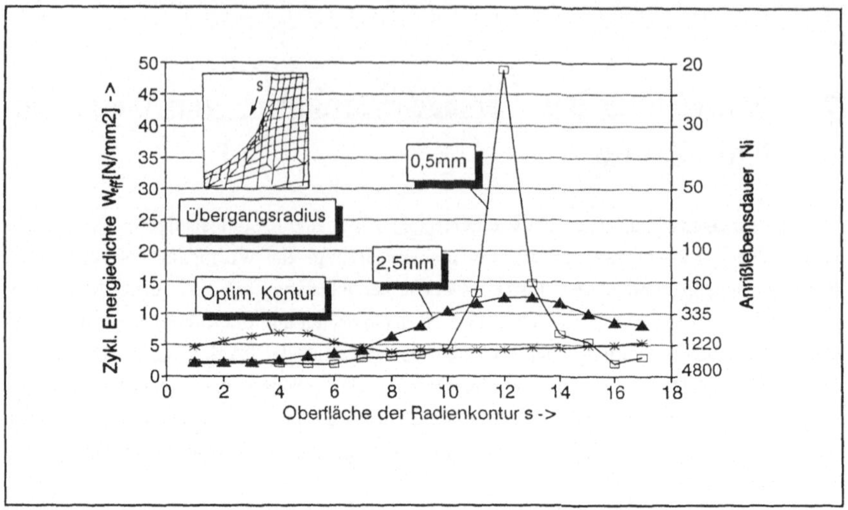

Bild 7.1: Lebensdauerprofil der Oberflächenermüdung für verschiedene Konstruktions-
varianten des Übergangsradius einer Fließpreßmatrize

7.1 Beurteilung von Optimierungsansätzen

Zu klein bemessene Übergangsradien sind in vielen Anwendungsfällen die Ursache von
Spannungskonzentrationen und frühzeitigem Werkzeugversagen. Der Konstrukteur wird aus
diesem Grunde von vornherein versuchen, die Wahl seines Radius nach zumeist empirischen
Sicherheitskriterien zu treffen, sofern sie nicht zwingend durch die Werkstückform festgelegt
ist. Die Auswirkung seiner Radienwahl auf die Spannungsverteilung und Bauteilbelastung
bleibt ihm jedoch im allgemeinen verborgen. Mit Hilfe der Versagenssimulation ist der
Anwender nun in der Lage die lokale Oberflächenbeanspruchung einer analysierten Struktur
unmittelbar am Rechnermodell in Form der maximal erreichbaren Anrißlebensdauer zu interpretieren und im Dialog mit seinem Computermodell positive wie auch negative Auswirkungen von ihm ergriffener konstruktiver Optimierungsmaßnahmen auf die Lebensdauer seiner
Werkzeugkonstruktion rasch zu beurteilen. Das Anrißlebensdauerprofil bildet somit die
Grundlage für eine Schwachstellenanalyse des betrachteten Werkzeugkonzepts und den daran
anschließenden iterativen Optimierungsvorgang im Rahmen eines Design-Cycles.

Das Beispiel in **Bild 7.1** zeigt hierzu die Auswirkung der Radiengestaltung auf die Anrißlebensdauer des Übergangsradius für die untersuchte Fließpreßmatrize. Eine einfache

Vergrößerung der Radiengeometrie von 1mm auf 2,5mm bewirkt eine deutliche Steigerung der Anrißbeständigkeit von ca. 25 auf ca. 200 Lastzyklen. Die aus experimentellen Untersuchungen mit identischen Werkzeugkonturen bekannten Anrißlastspielzahlen stimmen mit diesen Werten gut überein /20,21/. Im Vergleich dazu ist ferner das Ergebnis einer dritten Konstruktionsvariante dargestellt. Die dafür zugrundegelegte Übergangskontur wurde mit Hilfe eines speziellen Programmbausteins automatisch optimiert. Die Grundidee der dafür entwickelten belastungsorientierten, numerischen Formoptimierung ist Thema des nachfolgenden Kapitels 7.3.

Ein weiterer wichtiger Auslegungsgesichtspunkt für Werkzeuge der Kaltmassivumformung - neben der Gestaltung des Übergangsradius - ist die Wahl der richtigen Vorspannung. Auch hier bleibt die eigentliche Wirkung unterschiedlicher Vorspannungsvarianten dem Konstrukteur verborgen; das 'Warum' vermag er nicht zu erklären. Seine Entscheidung begründet er daher oft nur mit empirischen Erfahrungswerten. Die praktische Überprüfung bzw. der Vergleich verschiedener Konstruktionsalternativen auf diese Art ist sehr kostspielig und nicht empfehlenswert. Mittels der Versagenssimulation ist in Zukunft allerdings eine schnelle und billigere Variantenbeurteilung möglich.

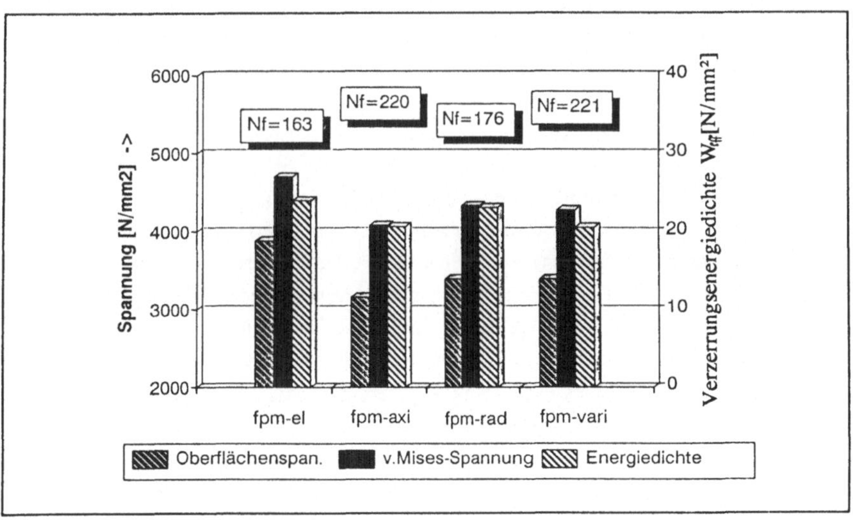

Bild 7.2:   Einfluß unterschiedlicher Vorspannungsarten auf die Anrißbeständigkeit
1) fpm-el: elast. Matrize (Haftmaß 5%.), 2) fpm-axi: zusätzliche Axialvorspannung, 3) fpm-rad: erhöhte Radialvorspannung (Haftmaß 8%.), 4) fpm-vari: variabele, konkave Radialvorspannung (Haftmaß 5-8%.)

In **Bild 7.2** ist hierzu der Vergleich verschiedener Vorspannungsvarianten bezüglich der Ausgangssituation eines elastischen Matrizenmodells mit einem Haftmaß von 5‰ (fpm-el) dargestellt. Abgebildet sind die Axialzugspannung, die Vergleichsspannung nach v.Mises und die zyklische Verzerrungsenergiedichte an der Werkzeugoberfläche sowie die ermittelte Anrißlebensdauer. Es ist zu erkennen, daß eine einfache Erhöhung des Haftmaßes auf 8‰ (fpm-rad) für den Fall dieser extrem hohen Werkzeugbelastung keinen nennenswerten Erfolg verspricht. Die Ursache hierfür ist in der erhöhten Schubbeanspruchung des Werkzeugquerschnitts zu suchen /42/. Eine tendenziell wirkungsvollere Alternative liefert die axiale Vorspannung (fpm-axi) durch eine deutliche Senkung der axialen (Oberflächen)-Zugspannung ohne gleichzeitige Erhöhung der Schubbeanspruchung. Nachteilhaft ist hierbei allerdings der konstruktive Mehraufwand dieser Lösung zu bewerten. Eine variable Vorspannungsverteilung entlang der Passungsfuge (fpm-vari) - als konstruktives Ergebnis der Werkzeuganalyse - bewirkt jedoch einen vergleichbaren Anstieg der Anrißlebensdauer ohne aufwendige Werkzeuggestaltung. Infolge eines konkaven Anschliffs der Matrizenmantelfläche erreicht man eine wirkungsvolle lokale Entlastung des Werkzeuges in Höhe des Übergangsradius durch Abnahme der Vorspannung von 8 auf 5‰ in diesem Bereich.

Der Einfluß dieser Vorspannungsmaßnahmen ist vor allem in einer Verminderung der effektiven zyklischen Verzerrungsenergiedichte am Beanspruchungsmaximum durch die Überlagerung einer statischen Druckmittelspannung als Folge der Armierung zu suchen, vgl. **Bild 6.17**. Neben diesen das gesamte Werkzeug umfassenden Maßnahmen können jedoch auch lokale Maßnahmen zur Überlagerung von Druckeigenspannungskomponenten in der Oberflächenrandzone zu vergleichbaren Ergebnissen bei der Steigerung der Anrißbeständigkeit führen, vgl. **Bild 2.5**. **Bild 7.3** zeigt in diesem Zusammenhang im Vergleich zur Ausgangssituation (N_i=192) die deutliche Verringerung der Oberflächenbeanspruchung und Verbesserung des Anrißverhaltens einer Fließpreßmatrize im Bereich des Übergangsradius infolge lokal überlagerter Druckspannungen durch die angesprochene Erhöhung der äußeren Vorspannung (N_i=239), vgl. **Bild 7.2**, sowie durch Druckeigenspannungen als Resultat einer Oberflächenbehandlung durch Kugelstrahlen (N_i=346) oder einer Hartstoff-Oberflächenbeschichtung (N_i=2258). Vergleichbare praktische Ergebnisse liegen aus experimentellen Untersuchungen nach *Hettig* /21/ vor (Bild 2.5).

Die Simulation erlaubt somit eine rasche Überprüfung und Bewertung von Konstruktionsideen durch einfache, interaktive Modifikation der Werkzeuggeometrie. Auf gleiche Weise können damit auch die Effizienz von Mehrringsystemen oder teilplastischen Armierungen am Rechnermodell untersucht werden. Stehen darüberhinaus die entsprechenden Werkstoffkennwerte zur Verfügung, läßt sich schlußendlich im Zusammenhang mit der Verschleißsimulation auch eine verbesserte Antwort auf die Frage der erforderlichen Werkstoffauswahl treffen. Ebenso läßt sich der tendenzielle Einfluß einer partiellen Wärmebehandlung bereits am Prozeßmodell abschätzen.

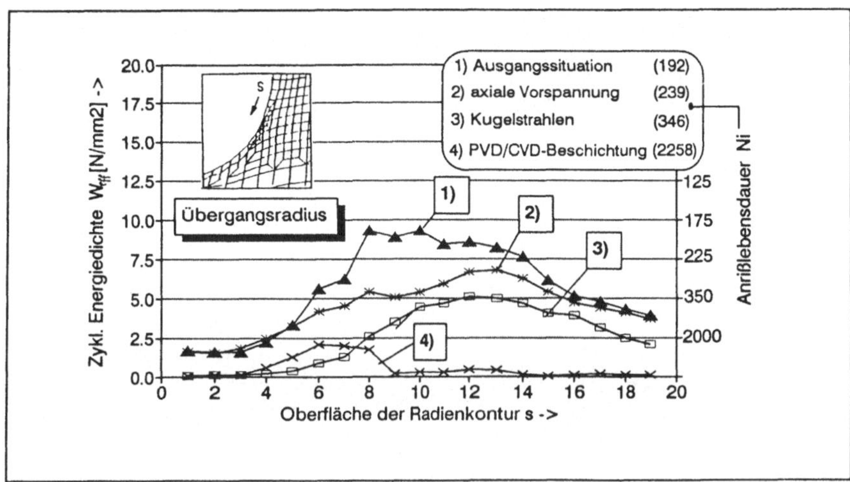

Bild 7.3:   Verbesserung des Anrißverhaltens durch Absenkung der effektiven Oberflächenbeanspruchung infolge Überlagerung von Druckspannungskomponenten

Ein interessantes Ergebnis aus dem Bereich der Werkzeugoptimierung ist dazu in **Bild 7.4** dargestellt /3/. Hierbei handelt es sich um ein Fließpreßwerkzeug mit nichtrotationssymmetrischer, abgesetzter Bohrung (7.4a), bei dem es ausgehend von den spannungskritischen Werkzeugecken zur Rißinitiierung und nachfolgend zum Werkzeugbruch kam (7.4b). Die Standmenge der Werkzeuge in der Ausführung mit einem gewöhnlichen Kaltarbeitsstahl der Härte 56HRC und einer konventionellen Armierung (Haftmaß 7‰) betrug ca.5000 Stück. Abbildung 7.4c zeigt dazu die erreichte Lebensdauer mit einer Versagenswahrscheinlichkeit von 5%, 50% und 95%. Durch Verwendung einer neuartigen Bandarmierung /25/ konnte die Vorspannung bei gleicher Werkzeughärte deutlich gesteigert werden; die Lebensdauer verdoppelte sich durch diese Maßnahme auf ca. 10000 Stück.

Wurde zusätzlich zu der Bandarmierung mit einem relativen Haftmaß von 10‰ die Werkzeughärte von 56HRC auf 62HRC erhöht - und damit die zyklische Plastifizierung des kritischen Eckenbereichs wesentlich verringert (7.4d) - konnte eine weitere Steigerung der Standmenge auf ca.25000 Stück erreicht werden (7.4c). Abbildung 7.4d zeigt die zugehörige Veränderung der Hystereseschleife der Oberflächenbeanspruchung als Ergebnis einer FE-Simulation /3/.

Die Abnahme der zyklischen Oberflächenplastizität in Korrelation mit der erreichten Stand-
mengensteigerung bestätigt nochmals gemäß **Bild 6.17** die Möglichkeit der Versagenssimulation zur tendenziellen Überprüfung des Werkstoff- und Härteeinflusses auf die
Werkzeuglebensdauer.

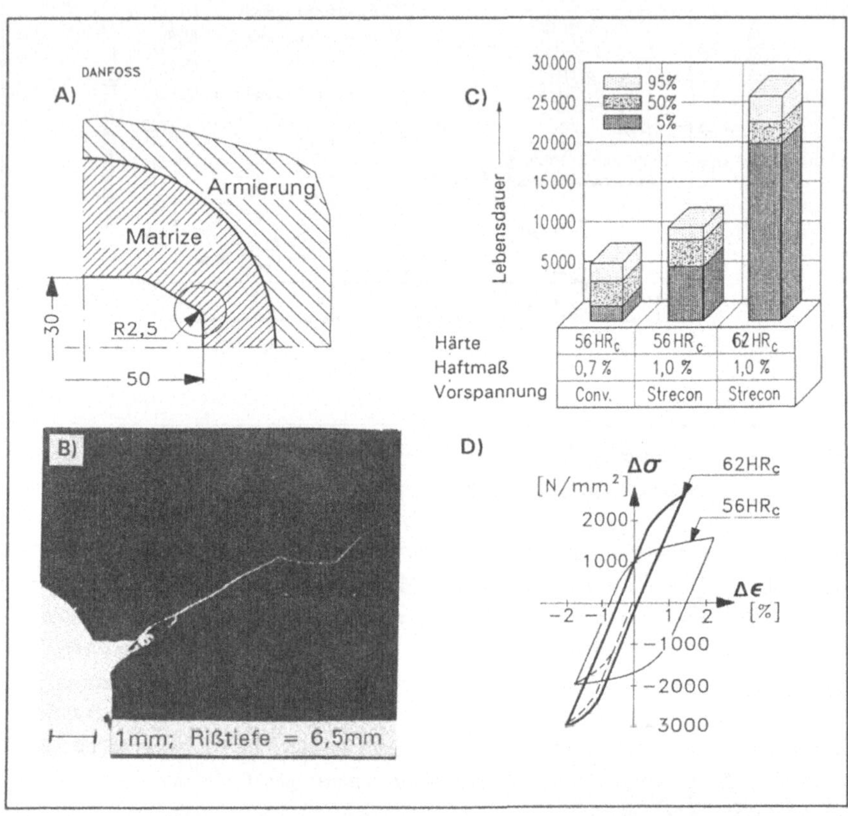

Bild 7.4:   Einfluß der Vorspannung und Matrizenhärte auf die erreichbare Standmenge
einer Vierkantmatrize mit abgesetzter Bohrung (*n. Groenbaeck* /3/)

7.2 Überprüfung von Simulationsergebnissen und Modellparametern

Die vorangegangenen Beispiele haben gezeigt, daß die Versagenssimulation sich in Zukunft zu einem überaus wichtigen Hilfsmittel für die Konstruktionsbeurteilung bei der Werkzeugoptimierung entwickeln wird. Der erste Schritt für eine zuverlässige Simulation aber besteht bereits in der Beurteilung der Qualität der getroffenen Randbedingungen und Modellparameter. Als wichtigste Beispiele sei an dieser Stelle auf die Innendruckverteilung, die FE-Materialdefinition sowie thermisch bedingte Eigenspannungszustände hingewiesen. Die Beantwortung der Frage nach der Ergebnis- und Lebensdauerbeeinflussung bzw. der Vernachlässigbarkeit solcher Modellparameter in der FE-Analyse hat für den Ingenieur eine herausragende Bedeutung. Die spannungsorientierte Beurteilung der FE-Ergebnisse - üblich ist hier die Betrachtung der v.Mises-Vergleichsspannung - kann jedoch unter Umständen zu einer falschen Schlußfolgerung führen, wie der folgende Vergleich verdeutlichen wird.

Bild 7.5 zeigt die Auswirkung unterschiedlicher Innendruckmodelle auf die Verteilung der v.Mises-Vergleichsspannung entlang des kritischen Übergangsradius (Kurve 1-3). Das zugrundegelegte Materialverhalten der drei Analysefälle wurde als ideal-elastisch angenommen. Es ist zu erkennen, daß bisherige Innendruckmodelle die tatsächliche Werkzeugbeanspruchung unterschätzen. Die vereinfachte Modellannahme einer konstanten Innendruckbelastung von 1800 N/mm^2 liefert aber trotzdem eine brauchbare erste Abschätzung.

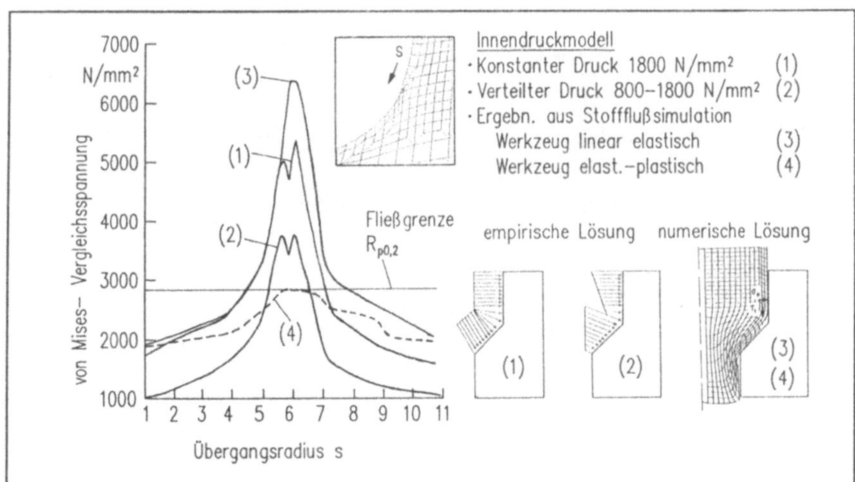

Bild 7.5: Einfluß des Innendruckmodells bei der Werkzeuganalyse auf die Verteilung der v.Mises-Vergleichsspannung entlang der kritischen Werkzeugoberfläche (Radius r=0,5mm)

Die extrem hohe und unrealistische Spannungsbelastung von über 6000 N/mm² wird von realen Werkstoffen, wie bereits berichtet, durch Mikroplastifizierung der Randzone oder Bildung von Mikrorissen abgebaut. Läßt das FE-Modell eine Plastifizierung der Oberflächenzone zu, stellt man eine stark veränderte Verteilung der Oberflächenspannung fest. Die Plastifizierung bewirkt eine deutliche Umverteilung der Vergleichsspannung (Kurve 4), deren Maximum nur noch durch die Fließspannung und die lokale Verfestigung bestimmt wird. Die Schlußfolgerung jedoch, daß eine Absenkung der Beanspruchungsspitze eine Steigerung der Lebensdauer zu Folge haben wird, ist in diesem Falle nicht richtig. **Bild 7.6** zeigt hierzu den Vergleich der simulierten Lebensdauer und der maximalen zyklischen Oberflächenbeanspruchung - dargestellt sind zum einen die Oberflächenzugspannung und zum anderen die v.Mises-Vergleichsspannung - für den elastischen und den elastisch-plastischen Berechnungsfall. Darüber hinaus ist ebenfalls die Entwicklung für den Fall überlagerter thermischer Eigenspannungen mit in die Darstellung aufgenommen.

Man erkennt sehr deutlich, daß im Gegensatz zu den beiden Spannungswerten, die durch die Oberflächenplastifizierung erniedrigt werden, die Anrißbildung im elastisch-plastischen Fall stark beschleunigt wird. Die Ursache hierfür ist eindeutig in dem großen Einfluß des hinzugekommenen plastischen Verzerrungsenergiedichteanteils zu suchen, der die totale Verzerrungsenergiedichte stark erhöht und somit zu einer verkürzten Anrißlebensdauer führt.

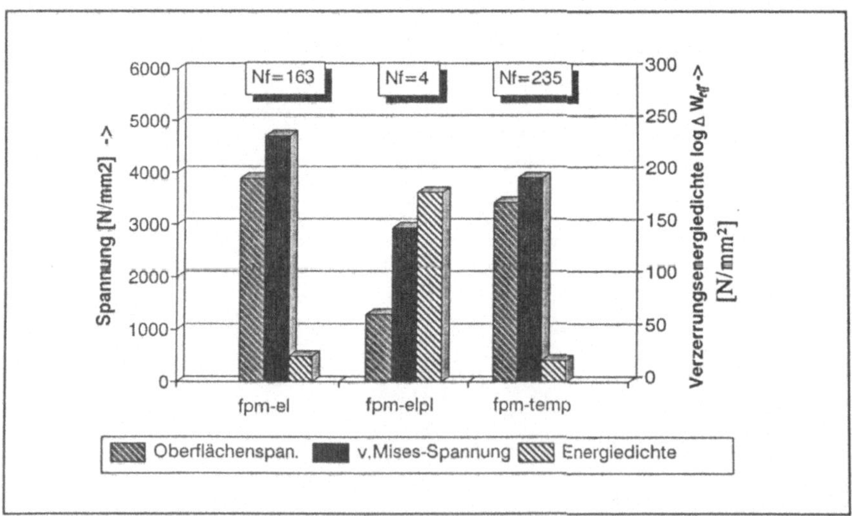

Bild 7.6: Einfluß der Modellparameter auf die Oberflächenbelastung und Werkzeugermüdung. (fpm-el: elastisches Modell, fpm-elpl: elast.-plast. Modell, fpm-temp: therm.-mechan. Modell)

Für die FE-Analyse bedeutet dieses Ergebnis, daß mögliche Randplastifizierungen durch ein geeignetes Materialgesetz berücksichtigt werden müssen. Eine Vernachlässigung dieses Modellparameters würde zu einer unzulässig konservativen Abschätzung führen.

Das Ergebnis unterstreicht außerdem nochmals den positiven Einfluß einer möglichst rein-elastischen Oberfläche unter zyklischer Belastung, vgl. **Bild 6.17.** Eine zyklische Randzonenplastifizierung führt zu einer schnelleren Ermüdung und ist durch geeignete Gegenmaßnahmen möglichst zu vermeiden. Hierbei kann, wie bereits angesprochen, die partielle Wärmebehandlung und Härtung der Werkzeugoberfläche mit dem Laserstrahl ein flexibles, schnelles und kostengünstiges Verfahren zur Steigerung der Anrißbeständigkeit darstellen.

Eine weitere wesentliche Randbedingung für die Vorhersagegenauigkeit eines FE-Simulationsmodells stellen thermisch induzierte Eigenspannungen im Werkzeugquerschnitt dar. Hierbei stellt sich insbesondere die Frage, ob der Mehraufwand an Simulation zur Berechnung der thermisch-mechanisch gekoppelten FE-Analyse vermieden werden kann und der thermische Einfluß vernachlässigbar ist.

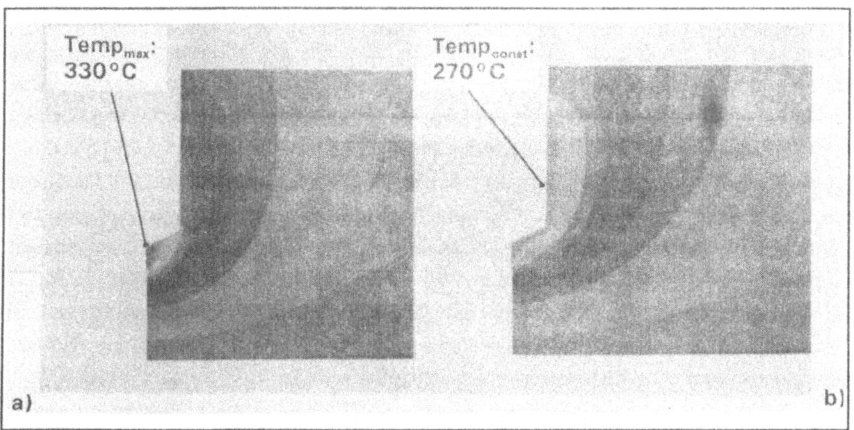

Bild 7.7:   Temperaturverteilung im Werkzeugquerschnitt: a) Wärmeeinleitung als Ergebnis der Stoffflußsimulation, b) Annahme eine konstanten Umformtemperatur

Temperatureigenspannungen resultieren aus der unterschiedlichen Temperaturverteilung im Inneren der Werkzeugwand. **Bild 7.7a,b** zeigt hierzu die Temperaturverteilung des Werkzeugs im stationären Betriebszustand. Der zur Aufwärmung des Werkzeuges führende Wärmestrom in der Wirkfuge zwischen dem Werkstück und dem Werkzeug, als Folge der abgeleiteten Umformwärme, wurde aus den Ergebnissen der Stoffflußsimulation des Umformprozesses gewonnen (Teilbild a). Zur Modellierung realistischer Betriebsbedingungen wurde ferner die Wärmeableitung an die Umgebung über die Werkzeugwände durch freie Konvektion mit der Umgebungsluft bzw. Festkörperwärmeleitung mit der Werkzeugaufnehmerplatte simuliert /98/. Man erkennt ein deutliches Maximum der Werkzeugtemperatur von ca.330°C am Auslauf der Fließpreßschulter, d.h. in der Nähe der Zone maximaler Umformung. Vergleichbare Ergebnisse liegen von *Kling* /62/ vor, der den thermischen Berechnungen allerdings nur eine idealisierte, konstante Annahme des eingeleiteten Wärmestroms zugrundegelegt hat. In Teilbild b) ist hierzu die stationäre Temperaturverteilung im Werkzeug unter Annahme einer konstanten Wärmeeinleitung als Ergebnis eigener Berechnungen dargestellt.

Abgesehen von einer direkten Beeinflussung des Materialverhaltens durch die erhöhte Werkzeugtemperatur - was sich beispielsweise bei Warmumformwerkzeugen in einem merklichen, lokalen Anstieg der Duktilität äußern kann - interessiert für die Betrachtung der Werkzeugermüdung bei Kaltumformwerkzeugen nur der Einfluß der überlagerten Temperatureigenspannungen. Die zu diesem Zweck durchgeführte gekoppelte thermisch-mechanische Werkzeuganalyse unter Annahme elastischen Materialverhaltens erbrachte das bereits in **Bild 7.6** dargestellte Ergebnis der lokalen Oberflächenbelastung und -ermüdung im Übergangsradius der Fließpreßschulter. Im Vergleich zur ideal-elastischen Berechnung ohne Temperatureinfluß zeigt sich eine geringfügige Abnahme der Vergleichs- und Oberflächenspannung um ca. 10%; die Anrißlebensdauer steigt damit geringfügig von 163 auf 235 Lastzyklen. Dieses Ergebnis läßt den Schluß zu, daß eine erhöhte Werkzeugtemperatur im stationären Fließpreßbetrieb aufgrund der thermisch induzierten Druckeigenspannungen eine positiven Einfluß auf die Anrißlebensdauer haben kann; ein Vorwärmen der Werkzeuge vor dem Einsatz, wie es in der Warmumformung allgemein üblich ist, kann somit bei kritischen Umformaufgaben unter Umständen eine zusätzliche Steigerung der Anrißbeständigkeit zur Folge haben. Eine exakte Simulationsrechnung sollte jedoch auf jeden Fall unter Berücksichtigung der thermischen Eigenspannungen durchgeführt werden.

7.3 Rechnergestützte Formoptimierung von Umformwerkzeugen

Die Detektion belastungskritischer, versagensauslösender Werkzeugpartien ist wie gesehen ein zentrales Ergebnis der Versagenssimulation. Die nachfolgende Aufgabe des Ingenieur ist es nun, derartige Schwachstellen durch geeignete konstruktive Maßnahmen zu entschärfen. Die Versagenssimulation bietet sich ihm hierzu als frühzeitiges Hilfsmittel zur Kontrolle seiner Optimierungsmaßnahme an. Neben dieser im Wesen empirischen Optimierung sind im Rahmen eines angestrebten Design-Cycles (vgl. Bild 8.1) auch weitere rechnergestützte Optimierungsstrategien denkbar, die die Simulationsergebnisse und das CAD-Modell direkt nutzen können. Eine Ansatzrichtung hierzu stellen intelligente Programm- oder sog. Expertensysteme /30/ zur Generierung von Optimierungsvorschlägen dar. Eine weitere Möglichkeit bietet die interaktive, automatisierte Gestaltsoptimierung von Umformwerkzeugen. Für das beschriebene Programmsystem WERKZEUGVERSAGEN wurde hierzu ein Baustein FORMOPTI entwickelt und implementiert /31/.

Bei der manuellen Korrektur eines fehlerhaft dimensionierten Übergangsradius greift der Konstrukteur, falls möglich, auf eine einfache Radienvergrößerung zurück. Durch diese Maßnahme läßt sich zwar wie gesehen die absolute Höhe des Spannungsmaximums abbauen, die Spannungskonzentration als lokaler Auslösepunkt des Versagensbeginns allerdings nicht vermeiden. Ziel muß daher eine Homogenisierung der vorgefundenen Spannungskonzentration sein, d.h. ein Abbau der Spannungsspitze durch gleichmäßige Umverteilung der lokalen Last auf einen größeren Einflußbereich. Dies allerdings ist nur noch numerisch mittels einer irregulären Konturänderung denkbar. Die FE-Analyse bietet hierzu eine hervorragende Ausgangsbasis, durch Nutzung der geometrischen Bauteildiskretisierung sowie der berechneten Spannungsverteilungen an der Bauteiloberfläche eine belastungsorientierte Gestaltsoptimierung vorzunehmen, vgl. **Bild 7.1**.
Die Grundidee der rechnergestützten Form- bzw. Gestaltsoptimierung CAO (Computer Aided Optimization) ist nicht völlig neu, da sie als das Grundprinzip biologischen Wachstums von Natur "entwickelt" wurde. Knochen oder Bäume sind hierzu exzellente Beispiele formoptimierter biologischer Strukturen, die auf mechanische Belastungen durch ein belastungsorientiertes Dickenwachstum reagieren /99,100/. Kritisch belastete Strukturbereiche werden durch zusätzliches Dickenwachstum der Oberfläche verstärkt und verdickt, um die Verteilung der Oberflächenspannung zu homogenisieren und Spannungskonzentrationen abzubauen; weniger belastete Strukturbereiche reagieren dementsprechend mit einem verlangsamten Oberflächenwachstum. Als "treibende Kraft" hinter dem belastungskontrollierten Oberflächenwachstums steht augenscheinlich der Gradient der Oberflächenbeanspruchung. Astgabeln oder Baumverletzungen als natürliche Kerbwirkung sind Parade-

beispiele dieses biologischen Optimierungsprinzips der lastgesteuerten "Bauteil"-Gestaltung, **Bild 7.8**.

Unter Anwendung der FE-Methode ist es nun möglich, diese Optimierungsstrategie der Natur auf ein Computermodell zu übertragen /100/. Entsprechende Postprozessor-Routinen wurden für die Belange der Werkzeugoptimierung im Rahmen dieser Arbeit entwickelt und im bereits amgesprochenen Programmbaustein FORMOPTI zur Verfügung gestellt.

Das der Natur nachempfundene adaptive Wachstum wird am FE-Modell durch eine iterative Prozedur realisiert, die die entsprechenden FE-Knoten solange schrittweise, senkrecht zur Oberfläche verschiebt, bis die Oberflächenspannungen egalisiert und Spannungsspitzen weitgehend beseitigt sind. Die wirksame Wachstumsrate pro Berechnungsschritt richtet sich nach dem Gradient der v.Mises-Vergleichsspannung an den betreffenden Oberflächenknoten. Positive Wachstumsraten (Verdickungen) werden für Bereiche mit einer zur mittleren Oberflächenspannung überhöhten Belastung vorgegeben, negative Wachstumsraten (Schrumpfungen) für Bereiche, in denen die lokale Oberflächenspannung unter dem Mittelwert liegt.

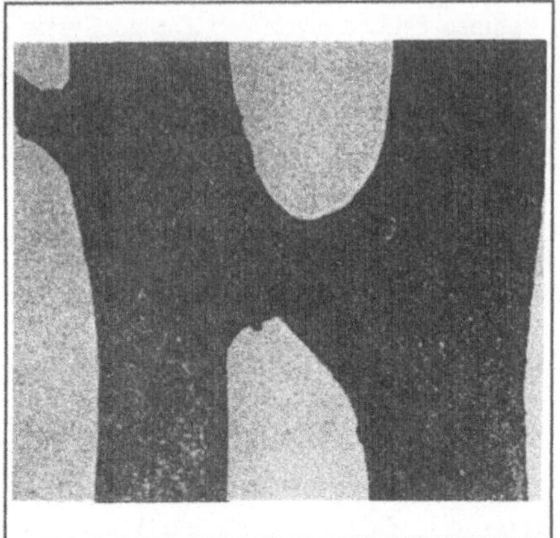

Bild 7.8: Biologisch optimiertes Wachstum am Beispiel eines Baumes

Unter Berücksichtigung von Konstruktionsanforderungen entscheidet das Programm automatisch welcher Wachstumsmechanismus wo vorzugeben ist. Der Konstrukteur hat hierbei die Möglichkeit durch Vorgabe von Randbedingungen und Einschränkung der Optimierung auf ein bestimmtes Variationsgebiet in den Vorgang einzugreifen und für umformtechnische Anwendungen unsinnige Optimierungslösungen wie Hinterschneidungen zu unterbinden.

Die Effektivität dieser Methode wurde von *Mattheck* bereits eindrücklich in eingehenden Untersuchungen an Beispielen der Natur und Technik belegt /99,100/. Im Rahmen dieser Arbeit wurden vergleichbare Testrechnungen an Standardbeispielen zur Überprüfung der entwickelten Programme und gelieferten Ergebnisse mit bestehenden Lösungen vorgenommen.

Bild 7.9a,b gibt hierzu als Beispiel das Ergebnis eines optimierten Übergangsradius einer Zuglasche unter axialer Zugbelastung. Die Abbildungen zeigen die Verteilung der v.Mises-

Vergleichsspannung im vergrößt dargestellten Bereich des Übergangsradius für den Ausgangszustand (a) und nach Abschluß der Optimierung (b). Es ist offensichtlich, daß die Oberflächenspannung deutlich umgelagert werden konnte und die Belastungsspitze von ca. 1500 auf 1100 N/mm² gesenkt wurde. Im Falle des Übergangsradius der Zuglasche verändert sich die Oberflächengestalt infolge der Optimierung von einem idealen Radius hin zu einer elliptisch gekrümmten Form.

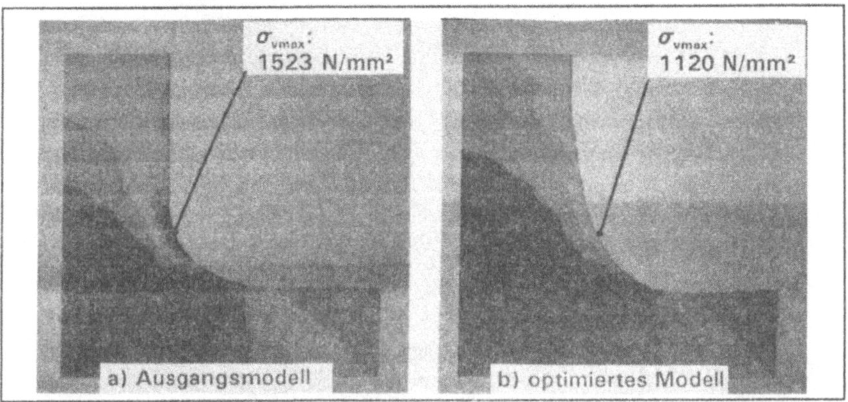

Bild 7.9:   Belastungsgesteuerte Gestaltsoptimierung am Beispiel eine Zuglasche: Übergangsradius vor (a) und (b) nach der Optimierung.

Mit Blick auf das geometrisch ähnliche Problem des Übergangsradius einer Fließpreßmatrize ist auch dort ein mit der Zuglasche vergleichbares Ergebnis zu erwarten. In **Bild 7.10a,b** ist dazu das Optimierungsergebnis eines Fließpreßmatrizenmodells mit einem ursprünglichen Übergangsradius von r=2,5mm abgebildet. Teilbild (a) zeigt die Ausschnittsvergrößerung im Ausgangszustand; die Vergleichsspannung weist für den Augenblick der extremaler Werkzeugbelastung ein ausgeprägtes Maximum von 1895 N/mm² auf. Nach 36 Iterationsschritten konnte die Spannung deutlich auf 1089 N/mm² abgesenkt werden.

Bild 7.11a,b zeigt die dazugehörigen Zwischenergebnisse der Spannungsverteilung (a) und der geometrischen Radienkorrektur (b) im betrachteten Variationsgebiet. Es ist deutlich, daß der Abbau der Spannungsspitze infolge einer Spannungsumlagerung einen Anstieg der mittleren Grundspannung bewirkt.

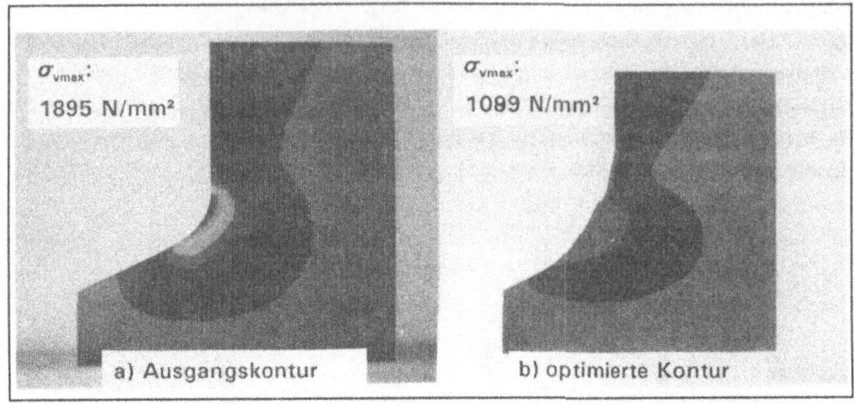

Bild 7.10: Belastungsgesteuerte Gestaltsoptimierung am Beispiel einer Fließpreßmatrize: Übergangsradius vor (a) und (b) nach der Optimierung (r=2,5mm).

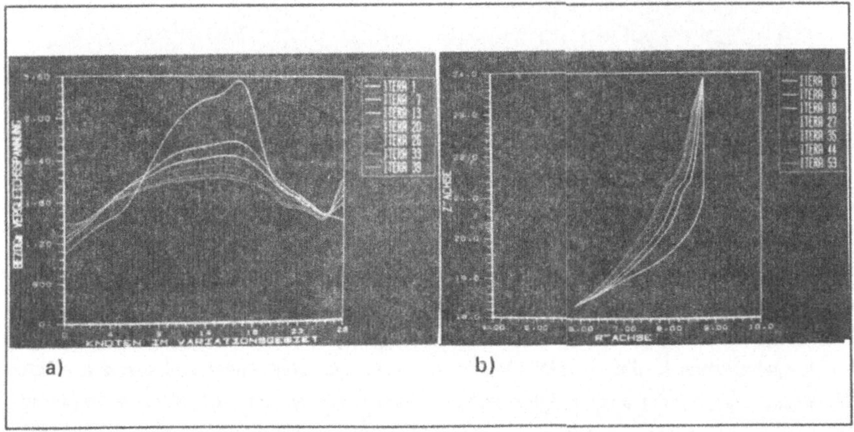

Bild 7.11: Iterative Änderung der Spannungsverteilung nach v.Mises (a) und der Oberflächenkontur (b) während des Optimierungsprozesses.

Zum Abschluß ist in **Bild 7.12a,b** noch das veränderte FE-Netz des Werkzeuges gezeigt, das anhand der vergrößerten Oberflächenelemente das Wachstumsprinzip verdeutlicht. Zur Vermeidung unzulässig verzerrter Elemente ist ein automatisches Abbruchkriterium vorgesehen.

Die ersichtliche Unstetigkeit im Verlauf der Oberflächenkontur ist auf einen Sprung in der für diese Analyse gewählten einfachen Innendruckverteilung zurückzuführen. Da die optimierte Struktur in Form der verschobenen FE-Knoten an diskreten Punkten vorliegt ist jedoch zukünftig ein weiteres "numerisches Oberflächenfinish" mittels eine Spline-Interpolation ohne weiteres denkbar. Die endgültig optimierte Form kann anschließend über die Preprozessor-Schnittstelle im Rahmen des Design-Cycles wieder an das CAD-System zur Korrektur des CAD-Modells zurückgegeben werden. Für die optimierte Kontur läßt sich nun einfach der NC-Datensatz der CAM-Werkzeugbearbeitung erstellen, was bei einer manuellen Konstruktion bisher nicht möglich war.

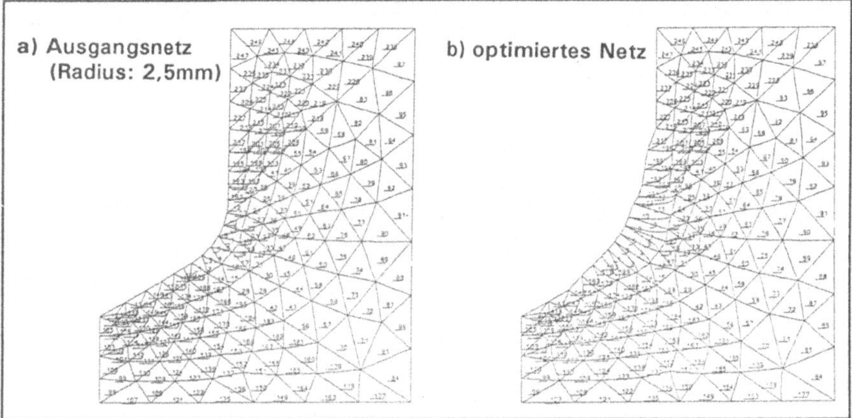

Bild 7.12: Änderung des FE-Netzes im Bereich des Übergangsradius infolge des adaptiven Oberflächenwachstums

Die gezeigten Optimierungsergebnisse stammen von einem vorläufigen Prozeßmodell. Wird hingegen wie in **Bild 7.1** die Innendruckbelastung zugrundegelegt, die aus der Stoffflußsimulation übernommen wurde, ergeben sich wesentlich höhere Belastungswerte für den Übergangsradius. Das Vergleichsspannungsmaximum erreicht in diesem Falle 3760 N/mm² (r=2,5mm). Mit Hilfe der Optimierung läßt sich diese Belastung, ähnlich Bild 7.9b, auf einen Wert von 2535 N/mm² verbessern. Die damit einhergehende deutliche Steigerung der Anrißlebensdauer von ca.20 auf 1400 Lastzyklen wurde bereits in **Bild 7.1** dargestellt. Infolge der Spannungsumlagerung wird das Belastungsmaximum im gezeigten Fall allerdings verschoben, so daß die schwächste Oberflächenzone nicht mehr mit dem alten Maximum übereinstimmt. Die Anrißlebensdauer des Werkzeuges kann gemäß der Simulation aber dennoch auf ca.600 Lastzyklen gesteigert werden.

An dieser Stelle muß abschließend allerdings betont werden, daß die bisherigen Überlegungen zur Formoptimierung nur die Verbesserung des Ermüdungsverhaltens und die dafür ursächlichen Oberflächenbeanspruchung betrafen. Die Zulässigkeit der Konturänderung mit Blick auf die geforderte Werkstückgeometrie ist durch den Konstrukteur für den jeweiligen Fall zu entscheiden. Darüberhinaus wurde auch nicht der mögliche Einfluß der modifizierten Kontur auf das Stoffflußverhalten berücksichtigt. Theoretische Ansätze zur Stoffflußoptimierung von Fließpreßmatrizen /101/, wie auch die empirische Lösung der Traktrix-Form des Einlaufradius von Tiefziehwerkzeugen, lassen aber ebenfalls einen positiven Einfluß derartig ellipisch geformter Übergangskonturen auf das Umformverhalten erwarten.

8. Zusammenfassung und Ausblick

Zu geringe Werkzeugstandmengen, ungenügende Prozeßsicherheit und Maschinenverfügbar-
keiten durch unkalkulierbaren Werkzeugausfall sowie übermäßig lange Entwicklungszeiten
bei der Werkzeugkonstruktion charakterisieren die Werkzeugproblematik in der Umformtechnik. Nur der konsequente Rechnereinsatz in Konstruktion und Verfahrensentwicklung
kann zukünftig eine entscheidende Verbesserung der Situation bringen.

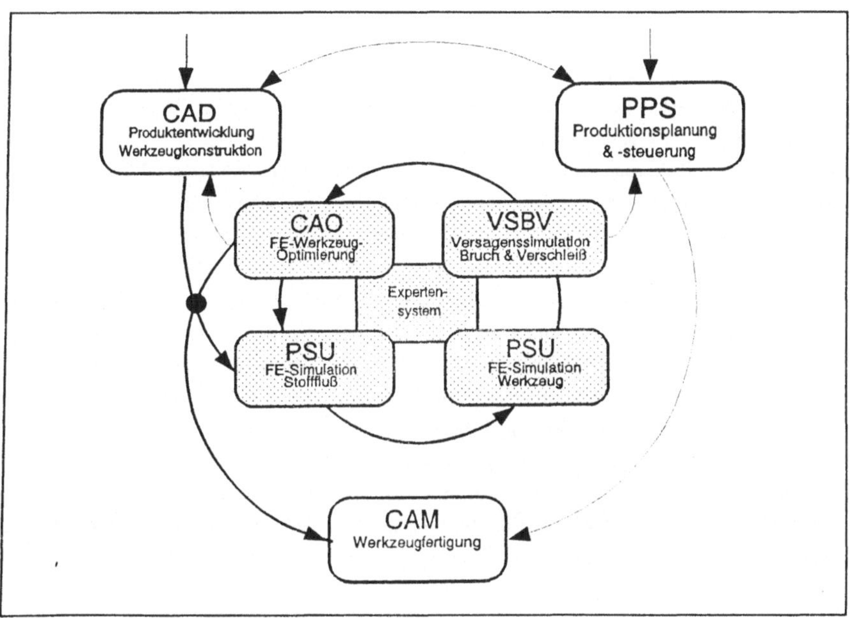

Bild 8.1:   Rechnerunterstützte Versagenssimulation und Werkzeugoptimierung im
Rahmen eines rechnerintegrierten Design-Cycles zwischen CAD und CAM.

Ein wesentlicher Schritt auf diesem Weg ist die Einführung der FE-Prozeßsimulation und der
darauf aufbauenden Simulation des Werkzeugversagens. Im Rahmen eines Design-Cycles
bildet diese Kombination zusammen mit CAO (Computer Aided Optimization) ein neues
Bindeglied zwischen den bisherigen CAD- und CAM-Anwendungen bei der Werkzeugherstellung. Die Detektion versagenskritischer Werkzeugbereiche sowie die Abschätzung der
Werkzeuglebensdauer, als die beiden wichtigsten Möglichkeiten der Versagenssimulation,

bieten sich dabei als Grundlage für eine frühzeitige Werkzeugbeurteilung und zielgerichtete Lebensdaueroptimierung bereits in der Konstruktionsphase an. Für die optimierte Werkzeugauslegung gilt es dabei primär, die Anrißbeständigkeit der Werkzeuge, die das weitere Ermüdungsbruchverhalten maßgeblich mitbestimmt, entscheidend zu verbessern. **Bild 8.1** zeigt in diesem Zusammenhang die zukünftige Stellung der Versagenssimulation im rechnerintegrierten Design-Cycle der Werkzeugentwicklung.

Die Bereitstellung der erforderlichen theoretischen Grundlagen zur Simulation der Oberflächenermüdung bzw. Rißinitiierung im Rahmen der Versagenssimulation und nachfolgenden Werkzeugoptimierung war Aufgabe und Gegenstand der vorliegenden Forschungsarbeit.

Als ein erster Ansatz hierzu wurden bruchmechanische Sicherheitskriterien zur Werkzeugauslegung herangezogen. Im Verlauf der Untersuchungen zeigte sich jedoch, daß ein entscheidender Nachteil einer rein bruchmechanischen Versagensbeschreibung in der völligen Vernachlässigung der Rißinitiierungsphase an der Werkzeugoberfläche zu suchen ist. Durch Vorgabe eines 'fiktiven' Mikrorisses als Ausgangspunkt des weiteren Rißwachstums - verursacht durch fertigungs- oder werkstoffbedingter Oberflächenfehler - kann zwar eine effektive Überprüfung der Werkzeugbelastung gegen Gewaltbruch vorgenommen werden, die teilweise beträchtliche Anrißlebensdauer bis zur Bildung eines wachstumsfähigen Ermüdungsrisses unter zyklischer Oberflächenbeanspruchung jedoch nicht berücksichtigt werden. Unter den gegebenen, komplexen mehrachsigen Beanspruchungszuständen an der Werkzeugoberfläche versagt das bruchmechanische Modell darüberhinaus komplett. Die Anrißsimulation verlangt daher nach einem verbesserten Versagenskonzept der lokalen Oberflächenermüdung zur Beschreibung der Rißinitiierungsphase.

Die bruchmechanische Betrachtung der Rißinitiierungsproblematik hat jedoch zu zeigen vermocht, daß sich hierin zukünftig, in Kombination mit einer zunehmend leistungsfähigeren und komfortableren FE-Analyse, eine neue Chance für eine effektive Werkzeugauslegung abzeichnet, die die bisherigen, teils veralteten und auf empirischen Ansätzen beruhenden Auslegungskriterien gängiger Konstruktionsrichtlinien ergänzen bzw. aktualisieren könnte. Ein hierfür interessantes Beispiel zur Beurteilung der Größenordnung tolerierbarer Oberflächenfehler in Abhängigkeit der lokalen Oberflächenbelastung mit Hilfe des Konzepts der kritischen Anrißlänge wurde diskutiert. So zeigte sich, daß bei den hartspröden Werkzeugwerkstoffen der Kaltmassivumformung bereits Oberflächenfehler im Bereich $< 20 \mu m$ bei den üblichen hohen Werkzeugbelastungen zum vorzeitigen Versagen führen können. Diese Tatsache unterstreicht sehr nachdrücklich die vielfach unterschätzte Bedeutung einer hohen Oberflächenqualität und der damit verbundenen Oberflächenfeinbearbeitung auf die Anrißbeständigkeit der Werkzeuge.

Die nachfolgende Überprüfung aus der Literatur bekannter lokaler Versagenskonzepte der Schädigungsmechanik hat ergeben, daß auch diese Versagensansätze nicht in der Lage sind, die komplizierten mehrachsigen Beanspruchungszustände an der Werkzeugoberfläche richtig zu interpretieren. Als Grundlage einer universellen Simulationssoftware mußte aus diesem Grund ein eigener verbesserter Ansatz geschaffen werden.

Dieser wurde in Form des lokalen Energiedichtekriteriums mit der zyklischen effektiven Verzerrungsenergiedichte ΔW^{eff} als neuem Schädigungsparameter zur Verfügung gestellt. Die numerische Beurteilung der Anrißlebensdauer - aufbauend auf den lokalen FE-Ergebnissen der Modelloberfläche - gelingt dabei in Anlehnung an spannungs- bzw. dehnungskontrollierte Zeitfestigkeitsschaubilder mit Hilfe einer daraus mathematisch abgeleiteten Lebensdauerfunktion der zyklischen Verzerrungsenergiedichte. Die gewählte tensorielle Darstellung und deviatorische Betrachtung der zyklisch dissipierten Schädigungsenergie erlaubt es nun, im Gegensatz zu bisherigen Versagensparametern, auch beliebig mehrachsige Beanspruchungszustände mit überlagerten Schubspannungs- oder statischen Mittelspannungskomponenten sowie gegenphasig schwingenden Belastungskomponenten in einer einparametrigen Vergleichsbeanspruchung zusammenzufassen. Die Umsetzung in entsprechende Programmalgorithmen garantiert eine sehr leistungsfähige Auswertung der lokalen Oberflächenbeanspruchung des FE-Modells als Grundlage der Lebensdauerabschätzung.

Die experimentelle Verifizierung des entwickelten Modells anhand des Anrißverhaltens gekerbter Drei-Punkt-Biegeproben hat gezeigt, daß das neue Konzept sehr gut in der Lage ist, das Schädigungsverhalten komplexer mehrachsiger Beanspruchungszustände richtig zu beurteilen. Mittelwert und Streubereich der beobachteten Ermüdungsergebnisse werden jedoch nachhaltig durch die Oberflächenqualität, die Größe der lokalen Einflußfläche des Beanspruchungsmaximums wie auch lokale Eigenspannungszustände der Randzone beeinflußt. Für die universelle Übertragbarkeit des entwickelten Ansatzes von einer idealisierten Modelloberfläche auf reale Bauteiloberflächen gilt es daher zukünftig, diese Einflüsse der wahren technischen Oberfläche auf das Anrißverhalten deterministisch bzw. stochastisch zu erfassen und mit Hilfe einer Korrekturfunktion der Versagenssimulation zugänglich zu machen. Ein entsprechender Lösungsansatz hierzu wurde aufgezeigt.
Die vorgestellte Methode bietet jedoch trotz aller Schwierigkeiten auch beim derzeitigen Entwicklungsstand eine zuverlässige Methode zur vergleichenden Beurteilung zyklischer Oberflächenbeanspruchungen als Ergebnis der FE-Analyse, die von vergleichbaren, lokalen Spannungs-Dehnungs-Ansätzen bisher nicht gelöst werden können. Sie bietet darüberhinaus die Möglichkeit lokale Einflußfaktoren wie Druckeigenspannungen oder örtliche Erweichung zu berücksichtigen. Zukünftige Verbesserungen wie die Einbeziehung der technischen Oberfläche oder aber auch die Berücksichtigung des realen zyklischen Materialverhaltens

unter Dauerbeanspruchung in der Stoffgesetzformulierung der FE-Analyse lassen weitere Fortschritte erwarten.

Die Darstellung der einparametrigen Vergleichsbeanspruchung ΔW^{σ} in Form eines Lebensdauerprofils der Werkzeugoberfläche ermöglicht darüberhinaus als weitere Neuerung, im Gegensatz zu bisher üblichen Spannungs-Dehnungsplots, eine schnelle graphische Beurteilung des lokalen und zeitlichen Versagenseintritts einer gewählten Konstruktionsvariante. Im Dialog mit dem Rechner ist damit ein effektiver Variantenvergleich hinsichtlich einer gezielten Lebensdaueroptimierung realisierbar; positive oder negative Auswirkungen ausgewählter Optimierungsstrategien auf die Lebensdauer können schnell erkannt und ggf. genutzt werden. Anwendungsbeispiele hierzu - die die Unterstützung des Anwenders bei der Werkzeugoptimierung verdeutlichen sollten - wurden unter anderem diskutiert 1) für die Beurteilung verschiedener Varianten der Matrizenvorspannung, 2) die Möglichkeit der lokalen Oberflächenhärtung (z.B. mittels Laserstrahl) zur Reduzierung der zyklischen Randschichtplastizität und 3) die alternative Radiengestaltung des Übergangsradius zur Fließpreßschulter. Hierbei wurden im Zusammenhang mit einem neu entwickelten Programmodul zur beanspruchungsorientierten Radiengestaltung von Umformwerkzeugen neue interessante Perspektiven der rechnerintegrierten Werkzeugoptimierung aufgezeigt, die eine sehr wirkungsvolle Lebensdauersteigerung versprechen.

Literaturverzeichnis

/1/   Geiger, R.; Hänsel, M.: Fließpreßtechnik 1990 in Europa - Anwendungen, Stand der Technik, Entwicklungen; VDI Berichte Nr.810, S.297-336, Düsseldorf: VDI-Verlag 1990.

/2/   Lange, K.; Cser, L.; Geiger, M.; Kals, J.A.G.: Tool Life & Tool Quality in Bulk Metal Forming, CIRP Annals 1992.

/3/   Lange, K.: Umformtechnik. Handbuch für Industrie und Wissenschaft, Bd 1, 2. Auflage, Berlin/Heidelberg/Tokyo: Springer 1984.

/4/   Hänsel, M.: Simulation des Bruchverhaltens von Umformwerkzeugen, Bericht aus dem Lehrstuhl für Fertigungstechnologie, Universität Erlangen-Nürnberg, Reihe PSU Nr.4, Berlin etc.: Springer 1993.

/5/   König, W.; Rozsnoki, L.; Treppe, F.: Standzeiterhöhung von Werkzeugen zur Warmumformung durch Laserstrahlbehandlung, In: 4. Umformtechnisches Kolloquium Darmstadt, 1991, S.17.1-17.6.

/6/   Geiger, R.; Hänsel, M.: CA-Techniken in der Kaltmassivumformung, Umformtechnik 26 (1992) 1, S.19-22.

/7/   Lange, K.; Körner, E.; Makosch, W.: Anwendung von CAD/CAE bei der Konstruktion von Umformwerkzeugen, Draht 39 (1987) 7, S.775-779.

/8/   Lange, K.; Roll, K.; Wilhelm, M.; Herrmann, M.: Prozeßsimulation in der Umformtechnik, In: 4. Aachener Stahlkolloquium, Aachen 1988, S.5.2/1-15.

/9/   Lange, K. (Hrsg.): Abschlußkolloquium des PSU-Projektes, Stuttgart, 31.3.1993, Reihe PSU Band 4, Berlin etc.: Springer 1993.

/10/ König, W.; Steffens, K.; Bieker, R.: CAD-Moduln zur Stoffflußsimulation, Industrie-Anzeiger 107 (1985) 26, S.22-26.

/11/ Damm, K.; Spahn, P.: CAD-CAM-Einsatz in der Umformtechnik, Werkstatt und Betrieb 118 (1985) 10, S.665-676.

/12/ Geiger, R.; Hänsel, M.: Entwicklungen bei Werkzeugen für das Fließpressen, Draht 42 (1991) 10, S.719-725.

/13/ N.N.: Leistungssteigerung von Werkzeugen, Wettbewerbsfaktor Produktionstechnik, Tagungsband - Werkzeugmaschinen Kolloquium Aachen 1990, S.171-210.

/14/ VDI-Richtlinie 3198: Beschichten von Werkzeugen der Kaltmassivumformung - CVD- und PVD-Verfahren, Düsseldorf: VDI-Verlag 1992.

/15/ Schulz, H.; Bergmann, E.: Beschichtung von Hartmetallwerkzeugen mit PVD-Verfahren, Zeit. f. wirt. Fertig. und Automatisierung 83 (1988) 7.

/16/ Keller, K., Koch, F.: CVD-Beschichtung von Fließpreßwerkzeugen, VDI-Zeitung 131 (1989) 10, S.42-50.

-128-

/17/   Pöhlandt, K.; Lange, K.: Ionenimplantation von Umformwerkzeugen im Vergleich zu herkömmlichen Verschleißschutzbeschichtungen, VDI Berichte Nr.810, S.115-128, Düsseldorf: VDI-Verlag 1990.

/18/   König, K.; Lung, D.: Neuere Entwicklungen zur Technologie der Werkzeugherstellung, VDI Berichte Nr.810, S.377-412, Düsseldorf: VDI-Verlag 1990.

/19/   Reiss, W.; Schröder, G.: Werkzeuglebensdauer und Werkzeugbruch in der Massivumformung, Werkstattstechnik 77 (1987), S.31-35, S.219-222, S.333-337.

/20/   Reiss, W.: Untersuchungen des Werkzeugbruches beim Voll-Vorwärts-Fließpressen, Berichte aus dem Inst. für Umformtechnik Nr.94, Univ. Stuttgart, Berlin/Heidelberg/-New York/London/Paris/Tokyo: Springer 1987.

/21/   Hettig, A.: Einfluß auf den Werkzeugbruch beim Voll-Vorwärts-Fließpressen, Berichte aus dem Inst. für Umformtechnik Nr.106, Univ. Stuttgart, Berlin/-Heidelberg/New York/London/Paris/Tokyo/Hong Kong/Barcelona: Springer 1990.

/22/   Geiger, M.; Hänsel, M.: FE-Simulation des Werkzeugversagens von Fließpreßmatrizen, VDI Berichte Nr.810, S.349-376, Düsseldorf: VDI-Verlag 1990.

/23/   Wißmeier, H.-J.: Beitrag zur Beurteilung des Bruchverhaltens von Hartmetall-Fließpreßmatrizen, Fertigungstechnik Erlangen Nr.8, München/Wien: Hanser 1989.

/24/   Berns, H.: Neuere Entwicklungen bei Werkzeugwerkstoffen der Kaltmassivumformung, VDI Berichte Nr.810, S.77-86, Düsseldorf: VDI-Verlag 1990.

/25/   Groenbaek, J.: Stripwound Cold Forging Tools - A Technical and Economical Alternative, VDI Berichte Nr.810, S.139-151, Düsseldorf: VDI-Verlag 1990.

/26/   Geiger, R.: Moderne Methoden der Qualitätssicherung in der Umformtechnik, Umformtechnik 25 (1991) 4, S.69-76.

/27/   Brankamp, K.; Bongartz, B.: Der moderne Stanzbetrieb: Vom Sensormonitoring zur Geisterschicht, Düsseldorf: VDI-Verlag 1985.

/28/   König, W.; Goldstein, M.: Prozeßkenngrößen beim Kaltfließpressen erfassen, Industrie-Anzeiger 29 (1987) S.24-27.

/29/   Hettig, A.; Lange, K.: Werkzeugüberwachung beim Vollvorwärtsfließpressen im Hinblick auf die Ermüdungsrißerkennung, Umformtechnik, 26 (1992) 2, S.95-97.

/30/   Cser, L.: Objektorientierte Wissensdarstellung in einem Expertensystem zur Vorhersage des Werkzeugversagens, Veröffentlichung in Vorbereitung, 1992.

/31/   Geiger, M.; Hänsel, M.; Rebhan, Th.: Improving the Fatigue Resistance of Cold Forging Tools by FE-Simulation and Computer Aided Die Shape Optimization, In: Journal of Engineering Manufacture, Part B, Proc. of the Institution of Mechanical Engineers, 1992, Vol.206, S.143-150.

/32/   Krämer, G.: Ein Beitrag zur beanspruchungsgerechten Auslegung von rotationssymmetrischen Fließpreßmatrizen, Berichte aus dem Inst. für Umformtechnik Nr.49, Univ. Stuttgart, Essen: Girardet 1979.

/33/   Geiger, M.; Wißmeier, H.-J.: Auslegung von Fließpreßwerkzeugen, In: FGU-Seminar: Neuere Entwicklungen in der Massivumformung, Stuttgart, Juni 1985, S.6/1-6/25.

/34/   Körner, E.: Rechnerunterstützte Konstruktion von rotationssymmetrischen Schmiedeteilen und Warmfließpreßwerkzeugen, Berichte aus dem Inst. für Umformtechnik Nr.105, Univ. Stuttgart, Berlin/Heidelberg/New York/London/Paris/Tokyo/Hong Kong/Barcelona: Springer 1990.

/35/   Schröder, G.: Lebensdauer von Umformwerkzeugen - Neue Ansätze zur Abschätzung und Standzeitverbesserung, In: FGU-Seminar: Neuere Entwicklungen in der Massivumformung, Stuttgart 1985, S.7/1-7/19.

/36/   Schey, J.A.: Tribology in Metalforming, Metals Park Ohio: American Society for Metals 1984.

/37/   VDI-Richtlinie 3176: Vorgespannte Preßwerkzeuge für das Kaltmassivumformen, Düsseldorf: VDI-Verlag 1986.

/38/   VDI-Richtlinie 3186: Werkzeuge für das Kaltfließpressen von Stahl, Düsseldorf: VDI-Verlag 1972.

/39/   ICFG Document 4/82: General Aspects of Tool Design and Tool Materials for Cold and Warm Forging, Survey/GB: International Cold Forging Group, Portcullis Press Ltd. 1982.

/40/   ICFG Document 5/82: Calculation Methods for Cold Forging Tools, Survey/GB: International Cold Forging Group, Portcullis Press Ltd. 1982.

/41/   ICFG Document 4/82: General Recommendations for Design, Manufacture and Operational Aspects of Cold Extrusion Tools for Steel Components, Survey/GB: International Cold Forging Group, Portcullis Press Ltd. 1982.

/42/   Hänsel, M.: Berechnung von Bruchvorgängen in Fließpreßmatrizen, Diplomarbeit am Lehrstuhl für Fertigungstechnologie, Universität Erlangen, 1988.

/43/   Dieter, G.E.: Application of Material Testing - Fatigue of Metals, In: Mechanical Matallurgy, SI Metric Edition, London: Mc Graw-Hill Book Comp. 1988.

/44/   Klein, B.: Schadenskritische Bewertung von Bauteilen im Konstruktionsstadium, VDI-Z, 130 (1988) 3, S.60-66.

/45/   Heuler, P.; Schütz, W.: Assessment of Concepts for Fatigue Crack Initiation and Propagation Life Prediction, Zeit. Werkstofftechnik, 17 (1986), S.397-405.

/46/   Seeger, T.; Heuler, P.: Ermittlung und Bewertung örtlicher Beanspruchungen zur Lebensdauerabschätzung schwingbelasteter Bauteile, In: Ermüdungsverhalten metallischer Werkstoffe, Hrsg. D. Munz, Vortragstext eines Symposiums der Deutschen Gesellschaft für Metallkunde DGM, 1984.

/47/   Schwalbe, K.-H.: Bruchmechanik metallischer Werkstoffe, München/Wien: Hanser 1980.

/48/ Atluri, N.S.: Computational Methods in the Mechanics of Fracture, Vol.2 in Computational Methods in Mechanics, First Series in Mechanics and Mathematical Methods, A Series of Handbooks, Hrsg.: J.D. Achenbach, Amsterdam/New York/Oxford/Tokyo: North Holland 1986.

/49/ Owen, D.R.J.; Fawkes, A.J.: Engineering Fracture Mechanics: Numerical Methods and Applications, Swansea U.K.: Pineridge Press Ltd. 1983.

/50/ Saouma, V.E.; Zatz, I.J.: An Automated Finite Element Procedure for Crack Propagation Analyses, Engin. Frac. Mech., 20 (1984) 2, S.321-333.

/51/ Reimers, P.: Simulation of Mixed Mode Fatigue Crack Growth, Computers & Structures, 40 (1991) 3, S.339-346.

/52/ Knesl, Z.: Numerical Simulation of Crack Behaviour under Mixed Mode Conditions - Part I: Linear Elastic Fracture Mechanics, Acta Technica CSAV, 5 (1987), S.603-620.

/53/ Westendorf, H.: Rechnerische Simulation stabilen Rißwachstums in inhomogenen elastisch-plastischen Materialien, Schweißtechnische Forschungsberichte Band 22, Düsseldorf: DVS-Verlag, 1988.

/54/ Rich, Th.P.; Orbison, J.G.: Analysis of Two Metal-Forming Die Failures, In: Case Histories Involving Fatigue and Fracture Mechanics, ASTM STP 918, C.M. Hudson u. T.P. Rich (Hrsg.), Philadelphia: American Society for Testing of Materials 1986, S.311-335.

/55/ Meidert, M.; Knörr, M.; Westphal, K.; Altan, T.: Numerical and Physical Modeling of Cold Forging of Bevel Gears, Int. J. Mat. Proc. Techn., 1992, (im Druck).

/56/ Knörr, M.; Altan, T.: Anwendung des FEM-Programms DEFORM in der Massivumformung, In: FGU-Seminar: Neuere Entwicklungen in der Massivumformung, Stuttgart 1991, S.203-226.

/57/ Knörr, M.; Lange, K.; Altan, T.: An Integrated Approach to Process Simulation and Die Stress Analysis in Forging, In: Proc. NAMRC XX 1992 (im Druck).

/58/ Vu The Cuong: Beanspruchungsgerechte Auslegung von Fließpreßwerkzeugen mit numerischen Berechnungsmethoden, Berichte aus dem Inst. für Umformtechnik Nr.91, Univ. Stuttgart, Berlin/Heidelberg/NewYork: Springer 1987.

/59/ Neitzert, T.: Auslegung von rotationssymmetrischen Fließpreßwerkzeugen im Bereich elastisch plastischen Werkstoffverhaltens, Berichte aus dem Inst. für Umformtechnik Nr.62, Univ. Stuttgart, Berlin/Heidelberg/NewYork: Springer 1982.

/60/ Lange, K.; Geiger, M.; Krämer, G.: FEM-Berechnung von Schrumpfverbindungen unter radialem Innendruck. CAD-Berichte, KfK-CAD 133, Karlsruhe 1979.

/61/ Matsubara, S.; Kudo, H.: An Analysis of Stress and Strain Induced in some Die- and Punch Assemblies for Cold Forging by the Finite Element Method, In: Proc. 7th Int. Congr. Cold Forging, University of Birmingham, April 1985, S.63-69.

/62/ Kling, E.: Aufweitung von Fließpreßmatrizen mit überlagerter thermischer und mechanischer Beanspruchung, Berichte aus dem Inst. für Umformtechnik Nr.81, Univ. Stuttgart, Berlin/Heidelberg/NewYork/Tokyo: Springer 1985.

/63/ Bulander, R.: Werkzeugverformungen beim Strangpressen und ihre Auswirkungen auf die Produktgenauigkeit, Berichte aus dem Inst. für Umformtechnik Nr.103, Univ. Stuttgart, Berlin/Heidelberg/New York/Tokyo: Springer 1989.

/64/ Hoffmann, K.-F.: Aufweitungsverhalten von Fließpreßmatrizen mit nichtrotations- symmetrischer Innenform, Berichte aus dem Inst. für Umformtechnik Nr.112, Univ. Stuttgart, Berlin/Heidelberg/New York/London/Paris/Tokyo/Hong Kong/Barcelona/- Budapest: Springer 1991.

/65/ Kocanda, A.: Die Steel for Warm Working - An Evaluation of Resistance to Cyclic Loading, Advanced Technology of Plasticity 1990, Vol.1, S.349-354.

/66/ Richard, H.A.: Bruchvorhersagen bei überlagerter Normal- und Schubbeanspruchung sowie reiner Schubbelastung von Rissen, Habilitationsschrift, Uni. Kaiserslautern, 1984.

/67/ Wüthrich, C.; Schröder, G.: Anwendung von Methoden der Bruchmechanik zur Lebensdauerverbesserung von Umformwerkzeugen, Zeit. Werkstofftechnik, 11 (1980), S.417-422.

/68/ Lankford, J.: The Influence of Microstructure on the Growth of Small Fatigue Cracks, Fatigue Fract. Engng. Mater. Struct.. 8 (1985) 2, S.161-175.

/69/ Hänsel, M.; Engel, U.; Geiger, M.: FEM-Simulation of Fatigue Crack Growth in Cold Forging Dies, In: Proc. Int. Conf. on Mixed-Mode Fracture and Fatigue, July 15-17 1991, Vienna/Austria, Special Technical Publication of ESIS, 1992 (im Druck).

/70/ Geiger, M.; Hänsel, M.: Bruchmechanische Untersuchungen an Fließpreßmatrizen, Umformtechnik, 25 (1991) 4, S.27-33.

/71/ Jones, R.L.; Phoplonker,M.A.; Byrne,J.: Local Strain Approach to Fatigue Crack Formation Life at Notches, Int.J.Fatigue, 11 (1989) 4, S.255-259.

/72/ Zheng, X.: A Further Study on Fatigue Crack Initiation Life - Mechanical Model for Fatigue Crack Initiation, Int.J.Fatigue, 8 (1986) 1, S.17-21.

/73/ Liu, J,; Zenner, H.: Dauerschwingfestigkeit und zyklisches Werkstoffverhalten, Mat.-wiss. u. Werkstofftech., 20 (1989), S.327-332.

/74/ Golos,K.: Cumulative Fatigue Damage, Material Science and Engineering, A104 (1988), S.61-65.

/75/ Rie, K.T. (editor): Low Cycle Fatigue and Elasto-Plastic Behaviour of Materials, Proceedings of the 2nd Int. Conference, September 1987, München, London/- NewYork: Elsevier Applied Science, 1987.

/76/ Bäumler, A.; Seeger, T.: Materials Data for Cyclic Loading, Amsterdam/Oxford/- NewYork/Tokyo: Elsevier Science Publisher, 1990.

/77/ Richard, H.A.; Henn, K.; Linnig, W.: Über das Ausbreitungsverhalten von abge-
knickten Ermüdungsrissen, Tagungsband zum 8. Symp. Verformung und Bruch,
Magdeburg, Sept.1988.

/78/ Kitigawa,H. et al.: ΔK-Dependency of Fatigue Growth of Single and Mixed Mode
Cracks under Biaxial Stress, ASTM STP 853 Philadelphia, 1985, S.164-183.

/79/ Sines, G.; Ohgi, G.: Fatigue Criteria under Combined Stresses or Strains,
J.Engng.Mat.Techn., 103 (1981) 4, S.82-90.

/80/ Zenner, H.; Heidenreich, R.; Richter, I.: Bewertung von Festigkeitshypothesen für
kombinierte statische und schwingende sowie synchron schwingende Beanspruchung,
Zeit. Werkstofftechnik, 14 (1983), S.391-406.

/81/ Bergmann, J.; Klee, S.; Seeger, T.: Über den Einfluß der Mitteldehnung und
Mittelspannung auf das zyklische Spannungs-Dehnungs- und Bruchverhalten von
StE70, Materialprüfung, 19 (1977) 1, S.10-17.

/82/ Smith, K.N.; Watson, P.; Topper, T.H.: A Stress-Strain Function for the Fatigue
of Metals, Journal of Materials, JMLSA 5 (1970) 4, S.767-678.

/83/ Haibach, E.; Lehrke, H.P.: Erweiterung der Schadensakkumulationshypothese für
die Belange der Anlagentechnik, Archiv Eisenhüttenwesen, Nr. 9 (1976).

/84/ Golos, K.; Ellyin, F.: A Total Strain Energy Density Theory for Cumulative Fatigue
Damage, Journ.of Pressure Vessel Technol., 110 (1988) 2, S.36-41.

/85/ Golos, K.: The Fatigue Criterion with Mean Stress Effect on Failure,
Material Science and Engineering, A111 (1989), S.63-69.

/86/ Tong, X.; Wang, D.; Xu. H.: Investigation of Cyclic Hysteresis Energy in Fatigue
Failure Process, Int.J.Fatigue, 11 (1989) 5, S.353-359.

/87/ Glinka, G.: A Notch Stress-Strain Analysis Approach to Fatigue Crack Growth",
Engng.Fracture Mechanics, 21 (1985) 4, S.245-261.

/88/ Ellyin, F.: Crack Growth Rate under Cyclic Loading and Effect of Different
Singularity Fields, Engng.Fracture Mechanics, 25 (1986) 4, S.463-473.

/89/ Kujawski, D.; Ellyin, F.: A Fatigue Crack Growth Model with Load Ratio Effects,
Engng.Fracture Mechanics, 28 (1987) 4, S.367-378.

/90/ Hänsel, M.; Meßner, A.; Engel, U.; Geiger, M.: Local Energy Approach - An
Advanced Model for FEM-Simulation of Multiaxial Fatigue. In: Aliabadi, M.H.,
Nisitani, H., Cartwright, D.J. (edtrs): Localized Damage II, Vol.2: Computational
Methods in Fracture Mechanics, New York: Elsevier Appl. Sci. London, 1992,
S.263-282.

/91/ Lemaitre, J.: A Course on Damage Mechanics,Berlin/Heidelberg/New York etc.:
Springer, 1992.

/92/ Roell+Korthaus, Amsler-Prüfmaschinen AG, Betriebsanleitung für Hochfrequenz-
pulsatoren der Baureihe HFP 5000.

/93/ Bathe, K.-J.: Finite-Elemente-Methoden, Berlin/Heidelberg/NewYork/Tokyo: Springer, 1986.

/94/ Dengel, D.: Planung und Auswertung von Dauerschwingversuchen bei angestrebter statistischer Absicherung der Kennwerte, Aus: Verhalten von Stahl bei schwingender Beanspruchung, Düsseldorf: Stahleisen Verlag, 1978.

/95/ Meyer-Kobbe, C.: Randschichthärten mit Nd:YAG- und CO_2-Lasern, Fortschritt-Berichte VDI Reihe 2: Fertigungstechnologie, Nr.193, Düsseldorf: VDI, 1990.

/96/ Twickler, R.: Anwendung der Finite Element Methode auf Bruchprobleme der Werkstofftechnik, Fortschrittsberichte VDI, Reihe 18: Mechanik/Bruchmechanik, Nr.53, Düsseldorf: VDI-Verlag, 1987.

/97/ Geiger, M.; Hänsel, M.: An Energy Based Approach to the Simulation of Fatigue Crack Initiation in Metal Forming Tools, 25th Plenary Meeting of ICFG, Darmstadt, Sept.1992, In: Wire 43 (1993) 4 (im Druck).

/98/ Steininger, V.: Eine Untersuchung zur FE-Simulation von Gesenkschmiedeprozessen, Fortschritts-Berichte VDI Reihe 2: Fertigungstechnik, Nr. 195, Düsseldorf: VDI-Verlag 1989.

/99/ Mattheck, C.: Warum sie wachsen, wie sie wachsen; die Mechanik der Bäume, Bericht des Kernforschungszentrums Karlsruhe Nr.4486, 1988.

/100/ Mattheck, C.: Engineering Components Grow Like Trees, Mat.-wiss. u. Werkstofftech. 21 (1990), S.143-168.

/101/ Kusiak, J.; Thompson, E.: Optimization Techniques For Extrusion Die Shape Design, Numiform 89, S.569-574, Rotterdam: Balkema, 1989.

/102/ Matek, W.; Muhs, D.; Wittel, H.: Roloff/Matek Maschinenelemente, Braunschweig/-Wiesbaden: Vieweg 1983.

/103/ Nowack, H.; Hanschmann, D.; Trautmann, K.-H.: Kerbgrundkonzepte zur Lebensdauervorhersage bei Betriebsbelastungen, Werkstoff- und Bauteilprüfung sowie Betriebslastensimulation, S.65-80, Karlsruhe: Werkstofftechnische Verlagsgesellschaft 1981.

/104/ Macherauch, E.; Mayr, P.: Schwingfestigkeitsuntersuchungen an unlegierten Stählen, Werkstoff- und Bauteilprüfung sowie Betriebslastensimulation, S.11-23, Karlsruhe: Werkstofftechnische Verlagsgesellschaft 1981.

/105/ Simbürger, A.: Festigkeitsverhalten zäher Werkstoffe bei einer mehrachsigen, phasenverschobenen Schwingbeanspruchung mit körperfesten und unveränderlichen Hauptspannungsrichtungen, Dissertation TH Darmstadt, 1975.

/106/ Issler, L.: Festigkeitsverhalten metallischer Werkstoffe bei mehrphasiger, phasenverschobener Schwingbeanspruchung, Dissertation Universität Stuttgart, 1973.

/107/ Klee, S.: Das zyklische Spannungs-Dehnungs- und Bruchverhalten verschiedener Stähle, Dissertation, TH Darmstadt 1973.

A.0 Mathematische Grundlagen der lokalen Versagenskonzepte zur Simulation der Anrißlebensdauer

Die folgenden Ausführungen sollen dazu beitragen, in Ergänzung zu dem in Kapitel 4 und 5 vorgestellten lokalen Versagenskonzepten, die Herleitungen und mathematischen Grundlagen der entwickelten Lebensdauergleichungen Gl.(4.9) und Gl.(5.9) zu erläutern. Zuerst soll hierbei in Abschnitt A.1 die Lebensdauerfunktion des lokalen Dehnungsansatzes aufgegriffen werden Gl.(4.9); in Abschnitt A.2 folgt darauf aufbauend die analoge Herleitung für den lokalen Energiedichteansatz Gl.(5.9).

A.1 Lokaler Dehnungsansatz

Ausgehend von dem in **Bild 4.7** dargestellten dehnungskontrollierten Zeitstanddiagramm, wie auch den Diagrammen in **Bild A.1** und **A.2**, läßt sich die gezeigte Lebensdauerkurve unter Bezug auf die Lastwechselzahl $2N_f$ durch die folgende Beziehung beschreiben:

$$\log(\frac{\Delta \varepsilon^t}{2}) = g(\log 2N_f) \tag{A.1}$$

Es ist zu erkennen, daß die vereinfachte elastische bzw. plastische Lebensdauerfunktion im Bereich des *'high cycle fatigue'* bzw. *'low cycle fatigue'* in der doppelt-logarithmischen Darstellung als Gerade bzw. lineare Funktion $f_1(log2N_f)$, $f_2(log2N_f)$ aufgefaßt werden kann. Die entsprechenden mathematischen Ausdrücke der Geradengleichungen lauten bekanntlich nach *Manson-Coffin* bzw. *Basquin* wie folgt:

$$\log(\frac{\Delta \varepsilon^p}{2}) = \log(\varepsilon_f^{\prime}(2N_f)^c)$$

$$f_1(log2N_f) = \log(\varepsilon_f^{\prime}) + c \cdot \log(2N_f) \tag{A.2}$$

$$\log(\frac{\Delta \varepsilon^e}{2}) = \log(\frac{\sigma_f^{\prime}}{E}(2N_f)^b)$$

$$f_2(log2N_f) = \log(\frac{\sigma_f^{\prime}}{E}) + b \cdot \log(2N_f) \tag{A.3}$$

Die Geraden werden durch die Steigungsfaktoren c und b - bekannt aus Gl.(4.6) als Bruchspannungs- bzw. Bruchdehnungsexponent - und die konstanten Gliedern $\sigma_f^{\prime}/E$ und $\epsilon_f^{\prime}$ (Bruchspannungs- bzw. Bruchdehnungskoeffizient) bestimmt (Gl.(4.6)).

Der Übergang vom elastisch zum plastisch dominierten Ermüdungsverhalten, oder in anderen Worten der Schnittpunkt der beiden Lebensdauergeraden f_1 und f_2, ist durch die Lastwechselzahl des sog. Übergangspunktes $log2N_{\ddot{u}}$ festgelegt. Der Wert für $log2N_{\ddot{u}}$ berechnet sich unter der Annahme $\Delta\epsilon_e = \Delta\epsilon_p$ durch die jeweilige Substitution der elastischen bzw. plastischen Dehnungsformulierung in der Ermüdungsgleichung Gl.(4.6). Die Substitution liefert den Ausdruck:

$$log2N_{\ddot{u}} = log[(\frac{e_f' \cdot E}{\sigma_f'})^{\frac{1}{(b-c)}}] \qquad \text{(A.4)}$$

Zur vereinfachten mathematischen Formulierung werden die Terme $log(2N_f)$ und $log(\Delta\epsilon_t/2)$ aus Gl.(A.1), (A.2) und (A.3) für die nachfolgenden Herleitungen durch die Variablen x und y ersetzt. Die vereinfachte Form lautet dann:

$$y = g(x) \qquad \text{(A.5)}$$

$$f_1(x) = log(e_f') + c \cdot x \qquad \text{(A.6)}$$

$$f_2(x) = log(\frac{\sigma_f'}{E}) + b \cdot x \qquad \text{(A.7)}$$

Zum gleichen Zweck wird der Ausdruck $log2N_{\ddot{u}}$ für den Übergangspunkt durch die Variable z substituiert.

Um eine vernünftige, mathematische Näherungsformel für die gewünschte Lebensdauergleichung $g(log2N_f)$, bzw. $g(x)$, zu finden, muß der Funktionsbereich der Gleichung für die Variable x (d.h. die Lastwechselzahl $2N_f$) auf ein zulässiges Intervall beschränkt werden. Aus ingenieurmäßiger Sicht bieten sich hierzu die folgenden Intervallgrenzen an: die untere Grenze ist automatisch durch den Wert $x=0$, d.h. der Grenzlastspielzahl $N_f=1$ (Gewaltbruch) vorgegeben; als obere Grenze erscheint der doppelte Wert des Übergangspunktes z sinnvoll, so daß mit $0 < x < 2z$ ein ausreichend großer Bereich der Lang- und Kurzzeitermüdung durch die mathematische Näherungsfunktion abgedeckt wird.

In Anlehnung an **Bild 4.7** können die Graphen der linearen Lebensdauerfunktionen $f_1(x)$ und $f_2(x)$ nun als die lokalen Steigungsgradienten der Lebensdauerfunktion $g(x)$ oder als ihre erste Ableitung $g'(x)$ an den vordefinierten Intervallgrenzen interpretiert werden. Für den Wert der unteren und oberen Intervallgrenze $x=0$ und $x=2z$ stellen sich die Ableitungen dann wie folgt dar:

$$g'(0) = c \qquad \text{(A.8)}$$

$$g'(2z) = b \qquad \text{(A.9)}$$

Unter Annahme einer linearen Entwicklung der Geradensteigung von dem Steigungswert b auf den Wert c über das gesamte festgelegte Intervall $(0, 2z)$ kann die Ableitung $g'(x)$ für diesen Bereich in der allgemeinen Form wie folgt hergeleitet werden:

$$g'(x) = [\frac{(b-c)}{2z}] \cdot x + c \tag{A.10}$$

Die Gleichung entspricht hierbei vollkommen den Randbedingungen, die durch Gl.(A.8) und (A.9) vorgeschrieben sind.

Die gewünschte Formulierung für die Lebensdauergleichung $g(x)$ läßt sich nun einfach durch Bildung der Stammfunktion finden:

$$g(x) = \frac{[(b-c) \cdot x^2 + 4zxc]}{4z} + A \tag{A.11}$$

wobei A ein zunächst unbekannter Integrationsparameter ist. Der Parameter A läßt sich jedoch durch Anpassung an eine weitere Randbedingung der Lebensdauerkurve in Form des Übergangspunktes z relativ einfach bestimmen.

Am Übergangspunkt gilt x gleich z $(= log\ 2N_{\ddot{u}})$. Dabei entspricht vereinbarungsgemäß die elastische genau der plastischen Dehnungsamplitude, so daß beide Ausdrücke in der entsprechenden Gleichung Gl.(4.7) gegeneinander ersetzt werden können. Auf diese Weise erhält man die beiden alternativen Formulierungen:

$$\log(\frac{\Delta e^l}{2}) = \log(2 \cdot \frac{\Delta e^p}{2}) \tag{A.12}$$

bzw.

$$\log(\frac{\Delta e^l}{2}) = \log(2 \cdot \frac{\Delta e^e}{2}) \tag{A.13}$$

Unter Heranziehung der Gleichungen Gl.(A.1), (A.2), (A.3) und der Substitutionsvariable z können diese Gleichungen nun in die folgende Form umgeschrieben werden:

$$g(z) = log2 + \log(e'_f) + cz \tag{A.14}$$

und

$$g(z) = log2 + \log(\frac{\sigma'_f}{E}) + cz \tag{A.15}$$

Die Lösung von Gl.(A.11) für $x = z$ liefert somit:

$$g(z) = \frac{z \cdot (b + 3c)}{4} + A \tag{A.16}$$

Durch Einsetzung von Gl.(A.14) in Gl.(A.16) erhält man schließlich den Wert für den Integrationsparameter A:

$$A = \frac{z}{4}(c-b) + \log(2e_f')$$

(A.17)

Gleichung (A.10) lautet dann in der vollständigen Form wie folgt:

$$g(x) = \frac{(b-c)\cdot x^2}{4z} + cx + \frac{z}{4}(c-b) + \log(2e_f')$$

Nach Rücksubstitution von $g(x)$ und x durch die ursprünglichen Terme ergibt sich die in Kapitel 4 eingeführte Lebensdauergleichung $log(\Delta\epsilon'/2)$:

$$\log(\frac{\Delta e^t}{2}) = \frac{(b-c)}{4z}\cdot[\log(2N_f)]^2 + c\cdot\log(2N_f) + A$$

(A.19)

mit der Integrationsparameter A und dem konstanten Faktor z, vgl. Gl.(A.4) und (A.17):

$$A = \frac{z}{4}(c-b) + \log(2e_f')$$

$$z = \log[(\frac{e_f'\cdot E}{\sigma_f'})^{\frac{1}{(b-c)}}]$$

Der Parameter z $(=log2N_{ü})$ kann hierbei durch die Randbedingung am Übergangspunkt, vgl. Gl.(A.4) ermittelt werden.

Die Lösung der vorliegenden quadratischen Gleichung und Eliminierung der logarithmischen Form führt schließlich zu der gewünschten Lebensdauerbeziehung als Funktion der Grenzlastwechselzahl oder Lebensdauer $2N_f$:

$$2N_f = 10^{\frac{-2\sqrt{z}\cdot\sqrt{\log(\frac{\Delta e^t}{2})(b-c)+c^2z+A\cdot(c-b)-2cz}}{(b-c)}}$$

(A.20)

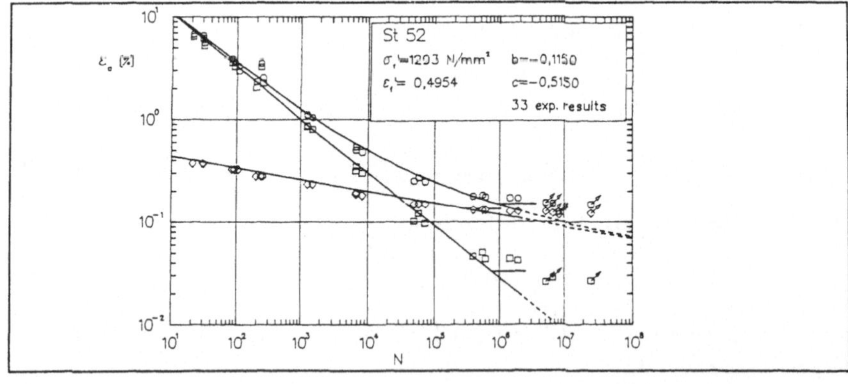

Bild A.1: Dehnungskontrolliertes Zeitstanddiagramm für den Werkstoff St52-3 /76/

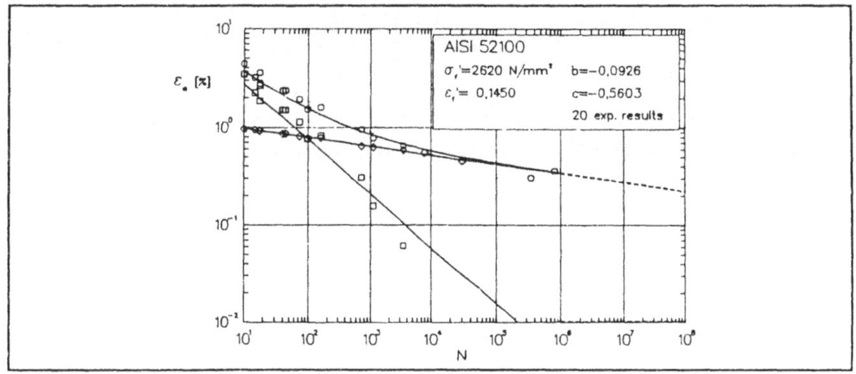

Bild A.2:   Dehnungskontrolliertes Zeitstanddiagramm für den Werkstoff 100Cr6 /76/

A.2 Lokaler Energiedichteansatz

Ausgehend von dem Ermüdungsdiagramm der Verzerrungsenergiedichte, **Bild A.3** (Bild 5.4), kann die Lebensdauerfunktion für den lokalen Energiedichteansatz unter Bezug auf die Lastwechselzahl $2N_f$ wie folgt formuliert werden:

$$\log(\Delta W^*) = g(\log 2N_f) \tag{A.21}$$

In Analogie zum dehnungskontrollierten Fall, **Bild 4.7** (und A.1, A.2), kann der Kurz- bzw. Langzeitermüdungsbereich ebenfalls durch vereinfachende Ausdrücke für die elastisch bzw. plastisch dominierte Lebensdauerfunktion beschrieben werden:

$$\Delta W^p = 4 \cdot \frac{(1-n')}{(1+n')} \cdot \sigma_f' \varepsilon_f' (2N_f)^{b+c} \tag{A.22}$$

$$\Delta W^{e+} = \frac{1}{2} \left(\frac{\sigma_f'}{E}\right)^2 (2N_f)^{2b} \tag{A.23}$$

In der doppelt-logarithmischen Notation nehmen diese wiederum die Form von linearen Geraden $f_1(log2N_f)$ bzw. $f_2(log2N_f)$ an, **Bild A.3, 5.4**:

$$f_1(\log 2N_f) = \log\left[4\frac{(1-n')}{(1+n')} \cdot \sigma_f' \varepsilon_f'\right] + (b+c) \cdot \log 2N_f \tag{A.24}$$

$$f_2(\log 2N_f) = \log\left[\frac{1}{2}\left(\frac{\sigma_f'}{E}\right)^2\right] + 2b \cdot \log 2N_f \tag{A.25}$$

Damit kann der Wert für die Lebensdauer am Übergangspunkt $log(2N_ü)$, vgl. Gl.(A.4), wiederum unter der Annahme bestimmt werden, daß gilt: $\Delta W^p = \Delta W^{e+}$, bzw. anders ausgedrückt $f_1(log2N_ü) = f_2(log2N_ü)$. Die gesuchte Grenzlastwechselzahl $log(2N_ü)$ lautet dann:

$$\log 2N_{\ddot{a}} = \log[(8 \cdot \frac{(1-n')}{(1+n')} \cdot \frac{e_f' \cdot E}{\sigma_f'})^{\frac{1}{b-c}}] \qquad \text{(A.25)}$$

Zur Vereinfachung der weiteren mathematischen Ableitungen werden erneut die Substitions-
variablen x,y,z eingeführt, die die folgenden Ausdrücke liefern:

$$y = g(x) \qquad \text{(A.26)}$$

$$f_1(x) = \log[4 \cdot \frac{(1-n')}{(1+n')} \cdot \sigma_f' e_f'] + (b+c) \cdot x \qquad \text{(A.27)}$$

$$f_2(x) = \log[\frac{1}{2} \cdot (\frac{\sigma_f'}{E})^2] + 2b \cdot x \qquad \text{(A.28)}$$

$$z = \log 2N_{\ddot{a}} \qquad \text{(A.29)}$$

Wie bereits für den lokalen Dehnungsansatz geschehen können auch hier die Funktionen f_1
und f_2 wieder als die erste Ableitung $g'(x)$ der Zielfunktion $g(x)$ aufgefaßt werden. Die
geforderte untere und obere Intervallschranke des Definitionsbereichs ergibt sich ähnlich zum
obigen Fall zu $x=0$ und $x=2z$. Somit lassen sich die folgenden Randbedingungen für die
Funktion $g(x)$ an den Intervallgrenzen formulieren:

$$g'(0) = b+c \qquad \text{(A.30)}$$

$$g'(2z) = 2b \qquad \text{(A.31)}$$

Wird erneut eine lineare Entwicklung der Steigungsgradienten $g'(x)$ über das gesamte
Intervall vorausgesetzt, läßt sich die Ableitung von $g(x)$ in diesem Bereich wie folgt
ausdrücken:

$$g'(x) = [\frac{(b-c)}{2z}] \cdot x + (b+c) \qquad \text{(A.32)}$$

Die Integration dieser Gleichung liefert schließlich die energiedichtebezogene Lebensdauergleichung $g(x)$:

$$g(x) = \frac{[(b-c) \cdot x^2 + 4zx(c+b)]}{4z} + A \qquad \text{(A.33)}$$

A stellt hierbei wiederum eine Integrationsvariable dar, die an eine weitere Randbedingung
angepaßt werden muß. Wird bei der Bestimmung so vorgegangen, wie oben bereits
beschrieben, liefert die Bestimmung von A aus den Bedingungen der Funktion am
Übergangspunkt z folgende Ausdrücke:

$$A = \frac{z}{4}(c-b) + \log[8 \cdot \frac{(1-n')}{(1+n')} \cdot \sigma_f' \cdot \epsilon_f'] \tag{A.34}$$

$$z = \frac{1}{(b-c)} \log[\frac{(1-n')}{(1+n')} \cdot \frac{8 \cdot \epsilon_f' \cdot E}{\sigma_f'}] \tag{A.35}$$

Durch Lösung der quadratischen Gleichung (A.33) mit Gl.(A.34) und (A.35) nach der Variable x, nachfolgender Rücksubstitution der Variablen x,y,z und abschließender Umformung der logarithmischen Formulierung, erhält man die Grenzlastwechselzahl und Lebensdauer $2N_f$ als Funktion der totalen zyklischen Verzerrungsenergiedichte ΔW in Form der folgenden Lebensdauergleichung:

$$2N_f = 10^{\frac{-2\sqrt{z} \cdot \sqrt{\log(\Delta W) \cdot (b-c) + (c+b)^2 z + A \cdot (c-b)} - 2z(b+c)}{(b-c)}} \tag{A.36}$$

Sie bildet, wie in Kapitel 5 weiter ausgeführt, den Kern der numerischen Lebensdauerabschätzung im Rahmen der Versagenssimulation. In dem zugehörigen Lebensdauerdiagramm **Bild A.3** ist in Anlehnung von **Bild 5.4** der Ergebnisvergleich zwischen Ermüdungsversuch (Bild A.2), Lebensdauersimulation (Gl.(A.36)) und Theorie (Gl.(5.8a-c)) für den Werkstoff 100Cr6 dargestellt.

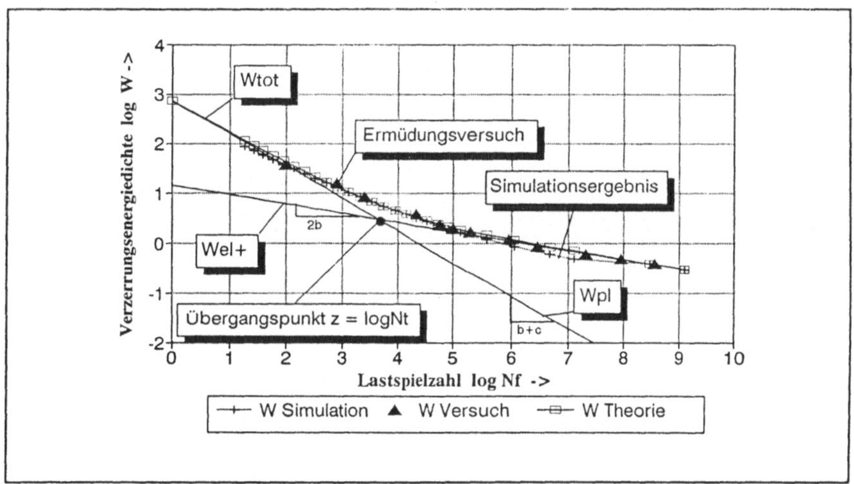

Bild A.3: Grenzlastspielzahl N_f als Funktion der totalen zyklischen Verzerrungsenergiedichte ΔW für den Kaltarbeitsstahl 100Cr6.

PSU Prozeßsimulation in der Umformtechnik

Herausgeber: Professor em. Dr.-Ing. Dr. h.c. Kurt Lange